"十三五"国家重点图书出版规划项目
中国特色畜禽遗传资源保护与利用丛书

中 国 山 鸡

吴 琼 主编

中国农业出版社
北 京

图书在版编目（CIP）数据

中国山鸡 / 吴琼主编. —北京：中国农业出版社，2019.12

（中国特色畜禽遗传资源保护与利用丛书）

国家出版基金项目

ISBN 978-7-109-26138-9

Ⅰ.①中…　Ⅱ.①吴…　Ⅲ.①野鸡—饲养管理　Ⅳ.①S865.3

中国版本图书馆 CIP 数据核字（2019）第 254243 号

内容提要：中国山鸡为我国兼用型畜禽遗传资源，既可肉用和蛋用，也可观赏用，具有肉质优良、抗病力强等特点。本书系统全面地介绍了中国山鸡的品种起源与形成过程，品种特征和性能，品种保护，品种繁育，营养与饲料，饲养管理，疾病防控，养殖场建设与环境控制，开发利用与品牌建设等内容。本书既具有专业性，也具有实用性，可为大专院校、科研单位和中国山鸡从业者提供参考和指导，对加强中国山鸡遗传资源保护和利用具有重要意义。

中国农业出版社出版

地址：北京市朝阳区麦子店街 18 号楼

邮编：100125

责任编辑：周锦玉

版式设计：杨　婧　　责任校对：刘丽香

印刷：北京通州皇家印刷厂

版次：2019 年 12 月第 1 版

印次：2019 年 12 月北京第 1 次印刷

发行：新华书店北京发行所

开本：720mm×960mm　1/16

印张：8.5　　插页：1

字数：139 千字

定价：60.00 元

本书编写人员

主　编　吴　琼

参　编　陆雪林　袁红艳　赵乐乐　李　焰　宋　超
焦　楠　张　敏　孙艳发　宁浩然　杨　颖
刘汇涛　涂剑锋

审　稿　李和平

出版说明

我国是世界上畜禽遗传资源最为丰富的国家之一。多样化的地理生态环境、长期的自然选择和人工选育，造就了众多体型外貌各异、经济性状各具特色的畜禽遗传资源。入选《中国畜禽遗传资源志》的地方畜禽品种达 500 多个、自主培育品种达 100 多个，保护、利用好我国畜禽遗传资源是一项宏伟的事业。

国以农为本，农以种为先。习近平总书记高度重视种业的安全与发展问题，曾在多个场合反复强调，“要下决心把民族种业搞上去，抓紧培育具有自主知识产权的优良品种，从源头上保障国家粮食安全”。近年来，我国畜禽遗传资源保护与利用工作加快推进，成效斐然：完成了新中国成立以来第二次全国畜禽遗传资源调查；颁布实施了《中华人民共和国畜牧法》及配套规章；发布了国家级、省级畜禽遗传资源保护名录；资源保护条件能力建设不断提升，支持建设了一大批保种场、保护区和基因库；种质创制推陈出新，培育出一批生产性能优越、市场广泛认可的畜禽新品种和配套系，取得了显著的经济效益和社会效益，为畜牧业发展和农牧民脱贫增收作出了重要贡献。然而，目前我国系统、全面地介绍单一地方畜禽遗传资源的出版物极少，这与我国作为世界畜禽遗传资源大

国的地位极不相称，不利于优良地方畜禽遗传资源的合理保护和科学开发利用，也不利于加快推进现代畜禽种业建设。

为普及对畜禽遗传资源保护与开发利用的技术指导，助力做大做强优势特色畜牧产业，抢占种质科技的战略制高点，在农业农村部种业管理司领导下，由全国畜牧总站策划、中国农业出版社出版了这套“中国特色畜禽遗传资源保护与利用丛书”。该丛书立足于全国畜禽遗传资源保护与利用工作的宏观布局，组织以国家畜禽遗传资源委员会专家、各地方畜禽品种保护与利用从业专家为主体的作者队伍，以每个畜禽品种作为独立分册，收集汇编了各品种在管、产、学、研、用等相关行业中积累形成的数据和资料，集中展现了畜禽遗传资源领域最新的科技知识、实践经验、技术进展与成果。该丛书覆盖面广、内容丰富、权威性高、实用性强，既可为加强畜禽遗传资源保护、促进资源开发利用、制定产业发展相关规划等提供科学依据，也可作为广大畜牧从业者、科研教学工作者的作业指导书和参考工具书，学术与实用价值兼备。

丛书编委会

2019 年 12 月

序言

我国是世界畜禽遗传资源大国，具有数量众多、各具特色的畜禽遗传资源。这些丰富的畜禽遗传资源是畜禽育种事业和畜牧业持续健康发展的物质基础，是国家食物安全和经济产业安全的重要保障。

随着经济社会的发展，人们对畜禽遗传资源认识的深入，特色畜禽遗传资源的保护与开发利用日益受到国家重视和全社会关注。切实做好畜禽遗传资源保护与利用，进一步发挥我国特色畜禽遗传资源在育种事业和畜牧业生产中的作用，还需要科学系统的技术支持。

“中国特色畜禽遗传资源保护与利用丛书”是一套系统总结、翔实阐述我国优良畜禽遗传资源的科技著作。丛书选取一批特性突出、研究深入、开发成效明显、对促进地方经济发展意义重大的地方畜禽品种和自主培育品种，以每个品种作为独立分册，系统全面地介绍了品种的历史渊源、特征特性、保种选育、营养需要、饲养管理、疫病防治、利用开发、品牌建设等内容，有些品种还附录了相关标准与技术规范、产业化开发模式等资料。丛书可为大专院校、科研单位和畜牧从业者提供有益学习和参考，对于进一步加强畜禽遗传资源保护，促进资源可持续利用，加快现代畜禽种业建设，助力特色畜牧业发展等都具有重要价值。

中国科学院院士
中国农业大学教授 吴常信

2019 年 12 月

前言

我国劳动人民对山鸡认识较早，3 000 年前殷商时代的甲骨文曾记载“雉”字，“雉”是山鸡的古称。据《礼记》和《汉书》记载，春秋时期我国就有苑囿养殖山鸡。明朝李时珍《本草纲目》将山鸡列为“原禽类”，对山鸡的药用价值做过记述。清朝将山鸡列为皇家贡品，居民在野外捕获山鸡进行饲养，但饲养规模较小。20 世纪 60 年代，我国进行过山鸡人工驯养研究，未成功。1978 年中国农业科学院特产研究所开始进行山鸡的人工驯养与繁殖等研究，1981 年获得成功。20 世纪 90 年代山鸡分割肉出口到中国香港和日本等地，致使山鸡养殖量增加迅速。随着养殖技术的提高，以及环保压力的增加，我国山鸡养殖也进入规模化、商品化和规范化的生产时代。

中国山鸡是由野生东北亚种雉鸡人工驯化而形成，中心产区为吉林省，目前已推广到全国各地。中国山鸡可以肉用、蛋用和观赏用，具有肉质好、抗病力强等优点。2019 年上海欣灏珍禽育种有限公司联合中国农业科学院特产研究所利用中国山鸡为育种素材，选育出我国具有独立知识产权的山鸡新品种——申鸿七彩雉鸡。申鸿七彩雉鸡具有产蛋多、体型大、适宜笼养和遗传性能稳定等优良特性。随着社会经济增长和人们消费质量的提高，山鸡养殖业将在畜牧业生产中占据越来越重要的地位。正确引导山鸡生产，积极开拓国内外市场，加强科学化生产和管理，将会产生可观的经济效益。

笔者在近几年山鸡资源调研和山鸡养殖技术总结基础上，借鉴先进技术，编写了《中国山鸡》。该书共九章，包括品种起源与形成过程，品种特征和性能，品种保护，品种繁育，营养与饲料，饲养管理，疾病防控，养殖场建设与环境控制，开发利用与品牌建设。本书不仅适用于山鸡养殖技术人员，也适合山鸡研究人员、农业院校的师生使用。

由于编者水平有限，本书在编写过程中，借鉴了许多专家学者的著作和论文，在此表示感谢，不足之处恳请读者批评指正。

编　者

2019 年 7 月

目录

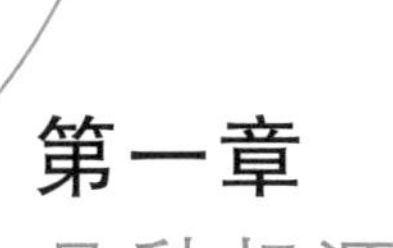

第一章 品种起源与形成过程

第一节　产区自然生态条件

中国山鸡（Chinese pheasant），又称中国雉鸡，是由野生东北亚种雉鸡人工驯化而形成。中国山鸡原产地为黑龙江的大小兴安岭和吉林的长白山等区域，中心产区是吉林省吉林、长春、延边等地，目前已推广到全国各地。中国山鸡既可以肉用，也可以蛋用，在一些动物园和小型观赏园还作为观赏禽类，但国内养殖主要为肉用。

中国山鸡的中心产区吉林省，位于东经121°38′—131°19′、北纬40°50′—46°19′。地势西北部、北部和东南部高，东北部、西南部低，主要由山地、台地、平原和水面构成，林地面积占整个土地面积的50%左右。属温带大陆性季风气候，四季分明，雨热同季，夏季高温多雨，冬季寒冷干燥。从东南向西北由湿润气候过渡到半湿润气候再到半干旱气候。冬季平均气温在－11 ℃以下，夏季平原平均气温在23 ℃以上，气温年均差35～42 ℃，日较差10～14 ℃。全年无霜期一般为100～160 d。年日照时数为2 259～3 016 h。年降水量为400～600 mm，但季节和区域差异较大，80%集中在夏季，东部降雨量丰沛。吉林省河流众多，水域分布广阔，水产资源比较丰富，素有“黑土地之乡”之称，是我国主要的大豆、水稻和玉米产区，为中国山鸡养殖提供了丰富的饲料原料。

第二节　品种形成的历史过程

我国劳动人民对山鸡很早就有所认识，远在3 000年前殷商时代的甲骨文

中就记载有“雉”字，这个“雉”字就是山鸡的古称。2 000 年前汉朝的《尔雅》将雉类分为 14 个种。据《礼记》和《汉书》等古籍记载，春秋时期就有苑囿养殖雉鸡，但养殖规模很小，未形成产业化。明朝李时珍的《本草纲目》将山鸡列为“原禽类”，对山鸡的药用价值曾做过记述：“补气血，食之令人聪慧，勇健肥润，止泻痢，除久病及五脏喘息等。”山鸡也是历代皇家贡品，清代乾隆皇帝食山鸡后写下“名震塞北三千里，味压江南十二楼”的名句。相关资料表明，清朝时居民就曾在野外捕获山鸡进行饲养，但饲养规模较小。20 世纪 60 年代，我国曾进行过山鸡人工驯养研究，由于某些原因并未成功。1978 年，中国农业科学院特产研究所开始进行山鸡的人工驯养与繁殖等研究；于 1981 年获得成功；1982 年后开始中试推广，成立了吉林省山鸡种鸡场；1989 年完成了“中国山鸡选育提高及其配套饲养管理技术”项目。从此，我国山鸡养殖进入规模化、商品化、规范化生产时代。

随着国内对山鸡产品需求的不断增加，20 世纪 80 年代末，中国农业科学院特产研究所从美国威斯康星州麦克法兰山鸡育种公司引进了美国七彩山鸡。美国七彩山鸡为美国引入中国华东亚种雉鸡和蒙古雉鸡杂交而形成的山鸡培育品种，具有体型大、产蛋量高、饲料报酬高等优点，是目前国内养殖数量最多的山鸡品种，但其也存在肉质风味特色不突出等缺点。近几年，山鸡饲养者尝试进行了中国山鸡与美国七彩山鸡杂交生产。实践表明，杂交可以明显提高中国山鸡的日增重、产蛋数和孵化率，杂交优势显著。2012—2018 年，上海欣灏珍禽育种有限公司联合中国农业科学院特产研究所等多家单位利用中国山鸡为育种素材，选育了“申鸿七彩雉”新品种。2019 年 3 月，该品种通过国家畜禽遗传资源委员会的审定，形成我国第一个具有独立知识产权的国审雉鸡新品种。

第二章
品种特征和性能

第一节　体型外貌

一、外貌特征

中国山鸡与其他山鸡相比体型大、饱满。头大小适中，颈长而细，眼大灵活，喙短而弯曲；胸宽深而丰满，背宽而直，腹紧凑而有弹性；骨骼坚固，肌肉丰满。

中国山鸡公鸡（彩图 2－1 和彩图 2－2）羽毛华丽，前额及上喙基部羽毛黑色，头顶及枕部呈青铜褐色，两侧有白色眉纹，眼周及颊部皮肤裸出、呈绯红色，眼下部分布小块蓝黑色短羽，耳羽簇黑色带蓝，羽端分形，活动时可以耸立。颌、颧及上喉处羽毛呈深金属绿色，后颈部呈金属绿色，颈侧部呈紫色，下喉部呈紫色，具绿色羽缘。颈部下方有白色颈环，个体之间会有差异，有的是全环，有的是半环。背部羽毛呈黑褐色，羽片大部分呈白色，外面具 V 形黑纹，纹的外面还有浅金黄色宽边。背后部呈浅蓝灰色，靠近中央的羽色具有黄、黑和深蓝色相间排列的短小横斑。尾上覆羽为污黄灰色，腰侧丛生栗黄色发状羽。两肩及翅上的内侧覆羽白色（羽干两侧黑褐），外围为黑色颊纹；黑纹的外围有紫栗色宽阔边缘，两侧和其余的覆羽多呈浅灰色；大覆羽的边缘杂以紫栗色；飞羽呈浅褐色，杂以浅黄点斑和横斑；中央尾羽呈黄灰色，并具有一系列的黑色横斑。胸部呈带紫的铜红色，有金属反光，羽端具有倒置的锚状黑斑。两颊呈淡黄色，在尖端处有大块的黑斑。腹部呈黑褐色，尾下覆羽呈栗色，翅下覆羽呈黄色，并混杂以暗色细斑。

中国山鸡母鸡（彩图 2－3）体呈黑色、栗色及沙褐色相混杂的羽色；头

顶黑色，具栗沙色斑纹；后颈羽基为栗色，靠近边缘为黑色，羽缘呈紫灰色；翅呈暗褐色，具沙褐色横斑。背中部羽毛呈黑色，近边缘处呈栗色，羽缘呈沙色或淡黄色。下体为浅沙黄色，并混杂以栗色。喉部为纯棕白色，两胁具有黑褐横斑。

公、母雏山鸡体型外貌一致，全身覆棕黄色绒毛，绒毛蓬松、整齐。颧部白色，胸部呈淡黄色，肋部呈橘黄色，头顶呈黑色或棕色，喙黑褐色，脚粉白色。中国山鸡雏山鸡见彩图 2-4 和彩图 2-5。

二、体重体尺特征

中国农业科学院特产研究所对中国山鸡体重、体尺等指标进行测定分析，具体见表 2-1。

表 2-1　中国山鸡体重、体尺指标

性别	体重(g)	体斜长(cm)	胸宽(cm)	胸深(cm)	龙骨长(cm)	骨盆宽(cm)	胫长(cm)	胫围(cm)
公	1 650	16.58	6.17	7.80	11.41	5.29	6.85	3.10
母	1 300	15.05	5.85	7.15	9.21	5.31	5.79	2.59

资料来源：中国农业科学院特产研究所，2008 年 5 月。

第二节　生物学特征

1. 适应性强　中国山鸡适应性强，从海拔 300 m 的草原、丘陵至海拔 3 000 m 的高山均可饲养。野生状态下，中国山鸡常分布于草原、半山区及丘陵地带边缘的灌木丛和阔叶混交林中，随季节变化也有小范围内的垂直迁移，一般夏天栖息于海拔较高处的针叶、阔叶混交林边缘的灌木丛中，秋季则迁移到低山向阳避风处，如山麓及近山的耕地或江湖沿岸的苇塘内。

中国山鸡一般天亮醒来，抖几次羽毛，用喙整理一阵羽毛后，开始活动，觅食。夜晚或遇下雪、下雨天气时，在栖息架上过夜，睡觉时缩颈闭目或将喙插在翅膀内。

2. 集群性　中国山鸡有集群习性。在地面散养方式下，冬季组群越冬，但在每年4月初开始分群。繁殖季节，山鸡公鸡在群体中表现出一定的社会顺位（地位），即啄斗顺序（强弱顺序），公、母种山鸡合群后，山鸡公鸡之间为争偶常发生激烈的争斗，经过一段时间的争斗形成一定的啄斗顺序。确立出"王子鸡"后，形成由山鸡公鸡（核心）与其配偶（山鸡母鸡）共同组成的相对稳定的群体，即"婚配群"，其规模通常不大，一般一公配多母，如公母比1∶(2～4)。山鸡"婚配群"活动范围比较固定，有一定的占领区域，如遇其他山鸡公鸡侵入，山鸡公鸡会与之激烈争斗。占领区的面积取决于养殖地面积、种群密度和山鸡公鸡的争偶能力，一般每个占领区分为巢区、活动区和觅食区兼过宿区3部分，而山鸡母鸡通常有固定的产卵区域。

3. 机警性强　中国山鸡鸣叫声像"咯—哆—啰"或"咯—克—咯"。当互相呼唤时，常发出悦耳的低叫；当突然受惊时，则会发出一个或一系列尖锐的"咯咯"声，非常刺耳。在繁殖季节，山鸡公鸡在天刚亮时，就会发出清脆的"咯咯"啼鸣声，每次鸣叫后会拍动双翅，表现出发情姿态，傍晚鸣叫声会变低沉。当白天比较炎热时，山鸡不鸣叫或很少鸣叫。

中国山鸡生性机警，易受惊吓，觅食过程中常会抬头机警地四周观望，时刻保持警惕，一有动静，会迅速逃窜。尤其在人工笼养情况下，当突然受到人或动物的惊吓或有激烈的嘈杂声刺激时，山鸡群会惊飞乱撞，所以时常会发生撞伤，严重时头破血流甚至造成死亡。因此，山鸡养殖场要尽量保持环境安静，防止因动作粗暴或突然产生的尖锐声响而使山鸡群受惊，抓捕时要使用专门的捕抓网，以免山鸡受伤而造成经济损失。

中国山鸡性情胆怯，怕人，对色彩反应特别敏感，尤其是看到身着艳丽服装的生人和听到敌害飞禽的叫声时，易受惊吓而乱飞乱撞，甚至惊群，轻则影响山鸡采食，重则导致死亡。

4. 杂食性　中国山鸡嗉囊较小，所以容纳的食物也少，喜欢少食多餐。雏山鸡吃食时，习惯吃一点就走，转一圈回来再吃，反复多次，所以人工饲喂时要注意增加饲喂次数。山鸡采食时间多集中在上午，少部分在下午，天刚亮和傍晚（17:00—18:00）是中国山鸡全天采食高峰。

中国山鸡具有杂食性，以植物性饲料为主，在家养状态下，食物来源充足，一般以玉米、小麦、饼粕类和糠麸类等植物性饲料为主，也可用饲养地的其他植物性饲料原料替换，配以鱼粉等动物性饲料和骨粉、磷酸氢钙、磷酸钙等矿物质饲料，并添加微量元素和多种维生素而制成的全价配合饲料。

5. 喜沙土浴和日光浴　中国山鸡喜欢“沙土浴”，在地面散养时，要为其提供沙土池，供其活动和采食。在山鸡养殖场常常可以见到山鸡沙浴的情景，山鸡在沙土上扒一个浅盘状的坑，在坑内不断地滚动，抖动着羽毛和翅膀，以此清洁羽毛上的污物或者去掉身上的寄生虫。在笼养条件下，养殖网内最好铺一层沙土，既可满足山鸡喜欢“沙土浴”这一习性，也有助于山鸡采食后磨碎、消化食物。山鸡也喜欢日光浴，因此山鸡饲养场应该建在背风向阳处，场地最好有日光区。

6. 早成性　中国山鸡为早成禽。刚出壳的雏山鸡就有绒毛，眼睛已经睁开，绒毛干后即可以活动和觅食，自理能力强。如采用母鸡孵化方式，雏山鸡在母鸡的带领下，很快开始活动，不需要单独的育雏过程。现代工厂化养殖模式下，均采用人工孵化和人工育雏的方式。

7. 性情活跃　山鸡的飞翔能力不强，只能做短距离飞行，但其脚强健有力，善于奔走，平时喜欢到处游走。行走时常常左顾右盼，并不时跳跃。在人工圈养条件下，山鸡喜欢登高而栖，如夜间多在树木较低的横枝上栖宿。当天刚亮时山鸡就开始活动，在清晨和黄昏时最为活跃，或相互追逐，或短距离飞行。因此，当采用地面平养方式饲养山鸡时，需配置一定数量的栖架，同时可以避免山鸡遭受鼠害。饲养圈舍四周和顶部均要铺设网，网的材质一般为尼龙网和铁网，尼龙网使用寿命短但价格便宜，铁网使用寿命长但易伤害山鸡，所以应按照实际情况加以选择。

第三节　生理解剖特征

中国山鸡的生理特点与其他山鸡类似，新陈代谢旺盛，主要表现为体温高、心率高、呼吸频率高和血液循环快等特点。成年山鸡的平均体温为42.5℃，皮肤很薄，没有汗腺和皮脂腺，尾部有一对尾脂腺。山鸡的骨骼为气质骨，具有致密、坚实和重量轻等特点。气管若处于关闭状态，肱骨会暴露于空气中，可通过肱骨的气孔进行呼吸。

中国山鸡没有唇和牙齿，只有坚硬角质化的喙，咽喉和食管有很大的延展性。小肠长度约为100 cm，结肠长度约为8 cm。盲肠为两端不通的小袋，长度约为15 cm。山鸡公鸡在胫上有距，个别的山鸡母鸡也有距，但比山鸡公鸡的距要小一些。

第四节　生产性能

中国山鸡目前还没有国家或行业认可的相关测定规程（规范），根据山鸡的生长发育等特点，参考肉鸡和蛋鸡的现行标准进行测定。

一、产蛋性能

经中国农业科学院特产研究所统计分析，中国山鸡开产日龄为240日龄，开产蛋重为（26.14±3.26）g；43周龄产蛋数46.75枚，蛋重29.36 g；56周龄产蛋数69.34枚，蛋重29.64 g，产蛋数为60～70枚，料蛋比为3.45∶1（表2-2）。

表2-2　中国山鸡产蛋性能

周龄	周产蛋数（枚）	累计产蛋数（枚）	产蛋率（%）	平均蛋重（g）
30	0.60	1.00	7.04	26.06
43	5.01	46.75	71.53	29.36
56	1.02	69.34	14.53	29.64

二、蛋品质

中国山鸡蛋品质指标见表2-3，中国山鸡蛋营养成分与含量见表2-4至表2-6。

表2-3　中国山鸡蛋品质

蛋重（g）	蛋形指数	蛋壳厚度（mm）	蛋壳强度（kg/cm^2）	蛋黄重（g）	蛋黄比例（%）	蛋黄色泽	蛋白高度（mm）	哈氏单位	血斑（%）	肉斑（%）
28.65	1.26	0.24	2.65	10.24	31	7.30	5.12	72.13	1.21	1.22

资料来源：中国农业科学院特产研究所，2008年5月。

表2-4　中国山鸡全蛋常规营养成分

水分（%）	粗脂肪（%）	粗蛋白质（%）	胆固醇（每100 g中，mg）
77.42±12.31	53.92±5.17	35.46±8.42	1 620.10±376.45

资料来源：中国农业科学院特产研究所，2014年。

表 2-5 中国山鸡蛋黄脂肪酸组成及含量（mg/kg）

C12:0	C14:0	C14:1	C15:0	C16:0	C16:1	C17:0	C18:0	C18:1
3.52	193.00	46.50	29.60	6130	2 460	64.70	3 090	8 260
C20:0	C20:1	C20:2	EPA	DHA				
11.00	93.70	3.15	4.40	150				

资料来源：中国农业科学院特产研究所，2014 年。

表 2-6 中国山鸡全蛋氨基酸组成及含量（每 100 g 中，mg）

分类	天冬氨酸 (Asp)	苏氨酸 (Thr)	丝氨酸 (Ser)	谷氨酸 (Glu)	甘氨酸 (Gly)	丙氨酸 (Ala)	胱氨酸 (Cys)	缬氨酸 (Val)	蛋氨酸 (Met)
蛋黄	1 157.32	614.77	890.73	1 372.89	307.42	517.23	46.41	573.76	233.90
蛋清	4 990.81	2 321.20	2 776.51	5 993.43	1 533.60	2 205.54	950.52	2 530.28	1 620.13
分类	酪氨酸 (Tyr)	苯丙氨酸 (Phe)	赖氨酸 (Lys)	组氨酸 (His)	精氨酸 (Arg)	脯氨酸 (Pro)	异亮氨酸 (Ile)	亮氨酸 (Leu)	
蛋黄	366.90	448.00	725.98	250.93	708.00	80.80	523.96	812.13	
蛋清	1 583.37	2 200.72	2 240.30	855.56	1 883.39	316.86	1 789.94	2 960.11	

资料来源：中国农业科学院特产研究所，2014 年。

三、繁殖性能

中国山鸡 5～6 月龄体成熟，8～9 月龄性成熟，种蛋受精率 85%以上，受精蛋孵化率 86%以上。自然交配条件下，山鸡公、母鸡配比为 1：(4～5)。孵化期为 21～23 d。

四、屠宰性能

中国山鸡屠宰性能指标见表 2-7。

表 2-7 中国山鸡屠宰性能

性别	屠体重 (g)	半净膛重 (g)	全净膛重 (g)	屠宰率 (%)	半净膛率 (%)	全净膛率 (%)	胸肌重 (g)	胸肌率 (%)	腿肌重 (g)	腿肌率 (%)
公	1 085.00	991.00	886.00	90.12	82.31	73.29	224.32	25.32	204.54	23.08
母	912.84	845.88	756.23	89.60	83.10	74.29	197.98	26.18	192.48	25.45

资料来源：中国农业科学院特产研究所，2008 年 5 月。

五、肉品质

中国山鸡肌肉营养成分与含量见表2－8至表2－10。

表2－8　中国山鸡肌肉常规成分分析

性别	水分（%）	粗脂肪（%）	粗蛋白质（%）	胆固醇（每100 g中，mg）	肌苷酸（每100 g中，mg）
公	71.42±11.09	1.67±0.10	24.63±4.15	52.71±5.63	4.34±0.69
母	73.46±9.03	1.92±0.23	25.24±4.42	50.37±4.98	4.36±0.50

表2－9　中国山鸡胸肌脂肪酸组成及含量（mg/kg）

性别	C6:0	C8:0	C10:0	C12:0	C14:0	C14:1	C15:0	C16:0	C16:1	C17:0	C18:0	C18:1	C20:0	C20:1	C20:2	EPA
公	1.75	3.80	0.98	25.10	318.00	81.2	8.52	4 230	3 800	18.20	2 050	6 030	18.9	982	50.00	5.42
母	2.01	4.10	1.12	28.10	452.00	90.10	9.51	4 700	4 000	22.00	2 100	7 180	25.20	127	61.00	6.03

资料来源：中国农业科学院特产研究所，2014年。

表2－10　中国山鸡肌肉氨基酸组成及含量（每100 g中，mg）

性别	部位	天冬氨酸（Asp）	苏氨酸（Thr）	丝氨酸（Ser）	谷氨酸（Glu）	甘氨酸（Gly）	丙氨酸（Ala）	胱氨酸（Cys）	缬氨酸（Val）	蛋氨酸（Met）
公	胸	4 591.00	2 031.56	1 662.42	6 501.23	1 771.20	2 368.21	240.42	1 950.20	635.37
	腿	3 920.12	1 860.24	563.02	5 963.24	1 603.57	2 120.36	250.69	1 705.67	520.92
母	胸	4 909.10	2 164.52	1 812.56	6 821.33	1 875.63	2 465.32	254.12	2 030.21	510.14
	腿	3 952.36	1 847.510	1 541.27	6 089.90	1 670.24	2 135.94	270.16	1 770.49	587.02

性别	部位	酪氨酸（Tyr）	苯丙氨酸（Phe）	赖氨酸（Lys）	组氨酸（His）	精氨酸（Arg）	脯氨酸（Pro）	异亮氨酸（Ile）	亮氨酸（Leu）
公	胸	999.18	1 562.34	3 192.14	1 430.32	2 488.56	300.56	1 850.46	2 870.24
	腿	1 120.36	1 470.23	3 127.56	1 050.23	2 330.10	280.53	1 680.32	2 690.13
母	胸	1 062.14	1 625.01	3 302.18	1 510.47	2 542.17	310.71	1 890.21	2 985.67
	腿	1 128.79	1 495.67	3 225.14	1 083.32	2 351.94	280.10	1 746.00	2 736.21

资料来源：中国农业科学院特产研究所，2014年。

第三章
品 种 保 护

第一节 保种目标

中国山鸡是我国重要的经济禽类，目前还没有国家或地方级别的保种场，应建立保种场对遗传资源进行保护，进一步开展中国山鸡的新品种选育工作，提高山鸡品种生产性能，增加产业经济效益。

一、重点保护的内容

科学合理的保种方法和继代繁育方式，可有效减缓群体近交系数增量，避免近交退化，保持中国山鸡肉品质优良的特性。除保护中国山鸡品种的基本性能外，同时要重点保护好本品种肉质优良的特征性状。

二、保种数量

采用个体家系保种，家系数不少于 30 个，山鸡母鸡 300 只以上，保种群数量 600 只以上，世代间隔 1 年。

第二节 保种技术措施

一、保种方法

采用个体家系（等量留种随机选配）保种。个体家系是指每个家系有 1 只与配山鸡公鸡，对山鸡母鸡做个体繁殖记录，按照系谱进行继代繁育。

二、保种实施步骤

（一）种蛋收集

对每个家系的每只山鸡母鸡进行个体记录，在每个种蛋的锐端标记家系山鸡公鸡和母鸡个体号。连续收集 10～15 d 的种蛋孵化，保证足够的出雏数量。一个批次数量不够时，可以分多批次繁殖。

（二）种蛋孵化

入孵前，把每个家系每只山鸡母鸡产的蛋归类到一处，依次放入蛋盘，并做好入孵记录。登记好的种蛋按照常规方法进行消毒、孵化。7 d 进行头照，检出无精蛋和死胚。孵化至 16 d，将每个家系每只山鸡母鸡的蛋转入系谱孵化专用的出雏笼或网袋中。

（三）出雏

按照家系个体出雏，从每个出雏笼或网袋中取出雏山鸡进行登记，依次佩戴翅号。抽测初生重，数量不少于 100 只。

（四）育雏

育雏期为 4 周，按照山鸡常规育雏期饲养管理办法进行，测定 4 周龄体重，山鸡公、母鸡各 60 只。

（五）育成

育成期为 5～18 周龄，按照常规育成期饲养管理方法进行，测定 18 周龄体重，山鸡公、母鸡各 60 只。按照家系等量留种原则初步选留体型外貌符合品种标准的个体，山鸡公鸡每个家系 3 只（1 只种用、2 只后备），山鸡母鸡每个家系 15 只。

（六）产蛋

产蛋期为开产至 56 周龄，按照常规产蛋期饲养方法进行饲养管理。做好个体产蛋记录，测定开产山鸡体重、开产蛋重和 43 周龄体重。抽测 43 周龄蛋品质，数量不少于 30 枚，抽测 43 周龄体尺，山鸡公、母鸡数量不少于 30 只，每 2 个世

代测定蛋品质和体尺1次。抽测56周龄体重，山鸡公、母鸡数量不少于30只。

（七）组建家系

根据所需要的世代间隔，按照一定的配比适时组建新家系。各个家系等量留种，按照品种标准和个体表型值，在上一代与配公鸡的后代中选留1只公鸡，在上一代每只山鸡母鸡的后代中选留1只母鸡。若个别山鸡母鸡没有后裔，则用同家系其他山鸡母鸡的后裔（半同胞）随机替补。制订配种方案，配种时避免全同胞或半同胞交配。

（八）淘汰

保种群上一个世代淘汰时，必须确保下一世代基本性成熟。

（九）档案资料整理

统计中国山鸡体型外貌比例、受精率、孵化率、初生重、4周龄体重、18周龄体重、开产体重、43周龄体重、开产日龄、43周龄产蛋数、56周龄产蛋数、蛋品质、体尺等数据。

三、血缘更新

在保种实施过程中，需要根据保种效果监测情况制订血缘更新计划，3～5个世代才可以申请更新，可从原产地筛选符合品种标准的山鸡公、母鸡引入保种群，但应该严格控制数量，并做好更新记录。

四、疾病防控和环境保护

保种时，一定要制订完善的规章制度和防疫制度，合理免疫和使用药物，避免保种群出现重大疫情。对死亡山鸡、粪便和污物以及生活垃圾及时进行无害化处理，减少对环境的污染。

五、保种效果监测

主要监测中国山鸡需要保护的特征性性状，并选择一定的常规性状列入监测范围。对所有监测内容进行规范的档案记录。有条件的保种场可以选择分子水平监测，如利用微卫星标记和全基因组SNP标记等。

第四章
品 种 繁 育

第一节 生殖生理

一、雄性生殖器官的构造与机能

（一）生殖器官的构造

中国山鸡公鸡的生殖器官由睾丸、附睾、输精管、贮精囊、射精管与退化的交尾器6部分组成。睾丸呈豆角粒状，位于肾脏前侧，以短的系膜悬吊于最后2～3肋骨的脊柱两侧。睾丸大小不定，繁殖季节变大，睾丸内有很多精细管，是产生精子的场所。精细管间的间质细胞分泌激素。附睾较小，呈长条形，由前向后逐渐变细，接输精管，同睾丸一起包在很薄的白膜内。输精管是两条极弯曲的细管，前部是贮精囊，后部形成射精管。山鸡的交尾器由生殖突起和八字状皱襞构成生殖隆起。在交尾时，生殖隆起因充血勃起呈管道状，精液通过该管道射入山鸡母鸡的阴道口。

（二）生殖器官的生理机能

1. 精子发生　出壳时山鸡公鸡的精细管壁上可见到精原细胞，5～6周龄后分裂出初级精母细胞，10周龄后分裂出次级精母细胞、精细胞，最后形成精子。附睾管和输精管是精子贮藏以及精子继续成熟的地方，10月龄睾丸内就可以产生大量的成熟精子。

精液由精子和精浆组成。中国山鸡精液为白色，pH为7～7.6，在贮藏时pH会随温度下降和时间增加而下降。

2. 交配和受精　繁殖季节，中国山鸡白天任何时间都可交配，清晨交配尤其活跃。在自然交配的情况下，精子在交配后 1 h 左右可达母鸡输卵管的漏斗部，在此完成受精。

二、雌性生殖器官的构造与机能

（一）生殖器官的构造

山鸡母鸡生殖器官只有左侧卵巢和输卵管两部分。右侧卵巢和输卵管退化，只留下痕迹。卵巢位于左肺后方，左肾前侧。卵巢是产生卵泡的场所，雏山鸡时呈扁平状，成年后呈山葡萄状，由大小不等的卵泡组成。输卵管分为漏斗部、膨大部、峡部、子宫部和阴道部 5 部分。

漏斗部在卵巢下方。卵巢排出的卵细胞，首先被漏斗部接纳，卵细胞与精子在漏斗部结合受精。膨大部，也称蛋白分泌部，是输卵管中最长的部分。峡部，是输卵管较窄、较短的一个部分。蛋的内外壳膜在峡部形成。子宫部呈袋状，肌肉较发达，管壁较厚，其黏膜形成纵横交错的深褶皱。子宫部的主要功能是形成蛋壳、胶质膜和色素。阴道部为产蛋的通道。蛋产出时，阴道部向泄殖腔翻出，这样蛋就不会被粪便污染；交配时，阴道部也同样翻出，以接受山鸡公鸡射出的精液。

（二）生殖器官的生理机能

1. 卵泡生长　山鸡性成熟之前卵巢皮质内就有大量未成熟的卵泡，呈白色。每个卵泡内含有 1 个生殖细胞。繁殖季节卵泡才能逐渐生长发育，按其发育程度可将卵泡分为初级卵泡、生长卵泡和成熟卵泡 3 种状态。卵泡在成长过程中卵黄逐渐增大，其生殖细胞到达卵黄的表面，并在排卵前 9～10 d 达到成熟。

2. 排卵　卵泡成熟后，卵子排出，这一过程称之为排卵。卵子排出后如果未受精，生殖细胞不再进行分裂，在卵黄表面上仅存在一个白点，称为胚珠。如果受精，卵黄表面形成一个中央透明、周围暗区的盘状，称为胚盘。

3. 蛋的形成　卵子排出到漏斗部后进入输卵管。静止 25 min 后进入膨大部，形成蛋白。在膨大部首先分泌包围卵黄的浓蛋白。因机械旋转，引起这层浓蛋白扭转而形成系带，蛋白形成过程是一层浓蛋白一层稀蛋白交替分层包裹的。卵在膨大部约停留 3 h，由于膨大部的蠕动而使卵进入峡部，在此处形成内外蛋壳膜并进入少量水分，这一过程需要 1 h 左右，之后便进入子宫部，在子宫部停留 17～20 h。蛋进入子宫部后，通过内外壳膜渗入子宫部分泌的子宫液，这时蛋的重量几乎增加 1 倍，将蛋壳膜鼓胀成卵圆形。由于钙的沉淀形成了蛋壳，蛋壳的保护色和色素也在子宫部形成。之后再由子宫部到达阴道部，蛋在阴道部停留 30 min 左右产出。

4. 蛋的产出　蛋从阴道产出是受到激素和神经的控制，同时还有一定的光周期反应。蛋通常在光照 4～10 h 产出。蛋在阴道内是锐端在前的，但在产出时，会由于子宫肌肉收缩而使蛋旋转 180°，一般钝端先产出（钝端先产出比例占 90%以上）。从排卵到产出一枚蛋需要 25～26 h。

第二节　繁殖特点

一般情况下中国山鸡 8～9 月龄性成熟，开始繁殖，根据光照、气温、纬度、季节和营养等因素而变化。山鸡性成熟的特点是公鸡鸣叫声频繁，脸部皮肤绯红、充血、变大，争斗性变强，具有追赶母鸡的行为，同时颈羽竖起，翅羽下垂。母鸡变得性情温驯，喜欢接近产蛋场所，时常发出“咯咯”的叫声，当公鸡追赶母鸡时，变得很顺从。耻骨间距会增大 1 倍左右，耻骨端变松软而富有弹性。

中国山鸡一般在每年的 4 月初开始交尾，山鸡公鸡常常在清晨发出清脆的叫声，并拍打翅膀引诱山鸡母鸡前来，此时山鸡公鸡颈部羽毛蓬松，尾羽竖立，追赶山鸡母鸡速度较快，侧面接近山鸡母鸡后，将其一侧翅膀下垂，另一侧翅膀连续扇地，头上下点动，围着山鸡母鸡做弧形快速走动；然后跳到山鸡母鸡背上，用喙啄住母鸡的头颈部羽毛，交尾，10 s 左右即可以完成整个交尾过程；交配完成后，山鸡母鸡会抖动并整理自己的羽毛，山鸡公鸡走开。在采取地面散养方式时，繁殖期间，山鸡公鸡之间会发生激烈的争偶现象，相互啄斗，争出“王子鸡”，确定下来后，短期不会发生打斗，但是间隔一段时间后仍然会有打斗现象发生，直至重新产生“王子鸡”。目前大型养殖场均采用笼养，利用人工授精技术，从而避免了山鸡的打斗现象。

山鸡一般在 4 月初产蛋，至 8 月下旬左右结束。山鸡母鸡产蛋时会保持蹲立姿势，抬头挺胸收腹，尾部下降，用力努责几次，将蛋产出。蛋产出后，山鸡母鸡会由蹲立改为站立姿势，时不时地观看产出的蛋，并用喙将蛋拨到腹部下方，俯卧一段时间后走开。山鸡母鸡产程一般为 10 min 至 1 h，极少出现

2 h 以上的情况。中国山鸡产蛋多集中在 5 月中旬至 7 月上旬，产蛋量占年产蛋量的 70%左右，产蛋时间从上午 9:00 开始至下午 3:00 止，全天的产蛋高峰多集中在 11:00—12:00，占全天产蛋的 60%。笼养会加强光照等措施，致使中国山鸡的产蛋量大幅度增加。

第三节　人工授精技术

目前我国中国山鸡饲养多以自然交配为主，但近几年一些大型笼养山鸡单位也实施了人工授精技术，效果显著，可以充分利用优良种山鸡公鸡的配种潜能，使受精率达 90%以上。

山鸡人工授精主要包括采精与输精两部分，山鸡公鸡和母鸡均采用单笼饲养。

一、精液采集

采精之前，要对山鸡公鸡进行训练，一般每天进行 2 次，分别在上午 8:00—10:00 和下午 4:00—5:00，使其形成条件反射。采精多采用按摩法，包括抓山鸡训练、调教与采精。精液采集后，需进行品质检查。

（一）抓山鸡训练

在确定训练开始后，饲养员每天多次进入山鸡舍，靠近山鸡笼并抚摸山鸡，待山鸡公鸡习惯后，开始进行抓山鸡训练。抓山鸡时要求饲养员动作轻柔、温和，使被抓的山鸡公鸡逐渐习惯。

（二）调教与采精

采精需要两个人配合，一人保定，一人采精。为了可以轻松采精，在正式采精之前，需对山鸡调教几次。在调教期间，去除肛门周围区域的羽毛，轻轻地按摩山鸡公鸡的腰骶区（低背部）。用右手的手掌按摩山鸡，山鸡的头夹在操作者的右臂下，采集精液的人一般站在鸡的右侧（如右手操作），刺激生殖勃起组织和输精管的勃起，山鸡公鸡习惯于这种按摩通过轻弹尾巴作反应，采精人员左手放在泄殖腔口的上方位置，手掌压迫尾巴向上（背部上方），用左手的大拇指和食指，外翻勃起组织，紧捏球茎末端使精液进入采精杯。同时，利用右手压迫泄殖腔区的下面，协助输精管外翻，精液收集到集精杯中。平均每只山鸡公鸡精液量为 0.1～0.33 mL。为了获得最大的受精率，精液的贮存不能超过 30 min。山鸡公鸡每隔 1 d 采精一次；或连续采精 2 d，休息 1 d。

为了采集优质的山鸡精液，需要注意不要过分用力挤压泄殖腔，避免对皮肤造成损伤；另外，过分用力挤压还可能引起出血，污染精液。尿、粪和血等污染物会影响精液的受精能力。在采精前几小时，料槽中最好不要添加饲料，防止污染。

（三）精液品质检查

完成采精后，对山鸡公鸡的精液品质检查是非常必要的，主要包括颜色、活力、pH 等。正常的山鸡公鸡精液为乳白色，pH 7.1～7.2，每毫升含精子 20 亿～30 亿个。可通过显微镜观察来确定精子密度、活力和畸形率。

二、输精

保定人员在山鸡母鸡的肛门上下轻轻地压迫以引起输卵管口外翻，使用输精器轻轻地输精，深度约 2 cm。将精液慢慢地输入输卵管，释放手指压力，输精器从输卵管中慢慢地移出。输精器必须轻缓地插入输卵管，以避免刺破输卵管壁。输精完成后，轻轻地放下母鸡，以免母鸡紧张而导致精液流出。

山鸡的人工授精使用 0.025～0.05 mL 未稀释的精液可以获得较高的受精率。山鸡受精率最高的持续期为 7～14 d。山鸡母鸡最佳的输精时间是子宫中没有硬壳蛋时，可以通过轻轻地按压母鸡腹部来判断。山鸡母鸡开始输精时，先连续输精 2 d，然后每间隔 4～5 d 输精 1 次，每次从采精到输精，完成时间以不超过 30 min 为宜。

第四节　孵　化

中国山鸡孵化方式主要分为自然孵化和人工孵化两种。现在多采用机器进行人工孵化。

一、种蛋选择

种蛋必须来源于健康、高产的种山鸡群，要求种山鸡必须净化新城疫、传

染性支气管炎和禽脑脊髓炎等疾病。外地引进种蛋必须有相关引种证明和动物检疫证明，并查明种蛋来源。种蛋的品质是影响孵化率的关键因素，种蛋蛋形以椭圆形、蛋形指数72%～76%为宜，蛋形过长或过圆会使雏鸡出壳发生困难。种蛋应大小适中，过大或过小的种蛋均会造成孵化率降低或雏鸡弱小，所以应选择符合蛋重标准的种蛋，一般适于孵化的种蛋蛋重为25～35 g。种蛋越新鲜，浓蛋白比例越高，种蛋品质越优良，孵化效果越好，因此一般以产后1周内的种蛋入孵较适宜，而以3～5 d为最好，种蛋保存时间越长孵化率会越低。种蛋颜色与胚胎死亡率有显著关系，褐色、橄榄色等深色种蛋的孵化率显著高于灰色、蓝色等浅色种蛋，因此应以褐色和橄榄色等深色种蛋为佳。蛋壳表面应保持完好，不粗糙，没有裂缝。产蛋初期和产蛋高峰期的蛋要分开孵化。通过照蛋，挑选出蛋壳粗糙、气室模糊或漂浮，以及有血斑或肉斑的种蛋。

二、种蛋清洁和消毒

清洗种蛋，小型养殖场多采用人工方式，大型养殖场多采用机械方式（图4-1）。清洗种蛋时，要控制水温，推荐温度为43～49 ℃，必须使用清洁剂。清洗机不能利用循环水，如果应用浸泡或蓄水型清洗机，水必须不断更换，每升液体洗蛋不能超过50枚，浸泡时间不应超过3 min。将山鸡蛋放入蛋盘或蛋箱之前，应将钝端向上放置，彻底干燥。需要注意的是，如果水温低于推荐温度或污染物超过浸泡清洗机中消毒剂的有效作用剂量，会引起蛋再次污染。

图4-1　机械清洗中国山鸡种蛋

未经清洁的种蛋容易附带有害微生物，影响孵化效果及育雏成活率，而种蛋消毒是杀死有害微生物的有效方法，一般在种蛋产出后30 min内和种蛋入孵前，分别进行一次消毒。种蛋的消毒方法很多，目前多采用消毒剂熏蒸方法，如使用福尔马林、新洁尔灭、高锰酸钾和土霉素等，操作简单、快捷。

对种蛋熏蒸或对空的孵化箱和出雏箱熏蒸，每立方米基础用量为 28 mL 福尔马林和 14 g 高锰酸钾，温度 32 ℃左右，湿度 45%～46%，将陶瓷容器放在孵化箱或空气入口附近，将称量好的福尔马林倒入高锰酸钾中，熏蒸 20～30 min 后再将气体排出室外，相关要求见表 4－1。严重污染时，应将熏蒸药物浓度增加至正常的 3 倍。

表 4－1　中国山鸡种蛋熏蒸要求

类　别	熏蒸浓度	熏蒸时间（min）
种蛋（孵化前）	3×	20
孵化中种蛋（第 1 天）	2×	20
孵化室	1×、2×	30
出雏、二次出雏之间	3×	30
出雏室、雏鸡室、二次出雏之间	3×	30
清洗室	3×	30
苗雏盒	3×	30

注：①“×”为 14 mL 福尔马林与 7 g 高锰酸钾混合。② 福尔马林是有毒溶液，应按照容器标签上的说明使用。当熏蒸时，操作人员须戴好护目镜、口罩、长袖衫、防湿手套，确保熏蒸室与室外通风。

三、种蛋保存

种蛋保存时间及环境条件，对种蛋品质有较大影响。

1. 保存时间　种蛋保存时间对孵化率影响较大，原则上种蛋在孵化前的保存时间应不超过 7 d，保存时间越短越好。保存条件适宜时，也可适当延长保存期，但不能超过 2 周。如果种蛋需存放 2 周以上，在孵化设备不充足的情况下，新鲜种蛋和保存时间长的种蛋一同入孵时，保存时间长的种蛋需要增加孵化时间。保存 3 周以上的种蛋，孵化时间要求增加大约 18 h。

2. 保存温度　中国山鸡胚胎发育的临界温度为 20 ℃，高于此温度，鸡胚则开始发育。种蛋保存温度与保存时间呈负相关，如种蛋保存期小于 1 周时，保存温度以 15 ℃左右为宜；保存期 1～2 周时，保存温度以 12 ℃左右为宜；保存期超过 2 周时，保存温度以 10 ℃为宜。

保存温度 27 ℃以上会引起细胞持续以非正常速度分裂，影响蛋品质，造

成雏山鸡畸形，从而降低孵化率。在0℃以下长期低温保存将会导致种蛋蛋壳破裂，即使温度略高于0℃，3 d后孵化率也会显著降低。孵化率与温度和保存时间有关，温度稳定在13℃，孵化能力将保持最长时间，种蛋保存在16～26℃，孵化率显著降低。

如果保存温度比正常高或波动大，种蛋要尽快入孵，种蛋对温度的敏感性极大，种蛋应该每天收集几次，特别在夏天27℃以上或极冷的天气（接近或低于冰冻）时更要注意多次收集种蛋。

3. 保存湿度　种蛋保存环境湿度会影响蛋内水分蒸发速度，湿度低蒸发快，湿度高蒸发慢。而要保证种蛋的质量，应该尽量减缓种蛋的水分蒸发，最有效的方法就是增加种蛋保存的环境湿度，一般以相对湿度75%（温度15℃时）为宜；湿度不应太高，否则，当将种蛋重新移入孵化室时，种蛋会“出汗”，蛋壳上的水分会被吸入蛋内，从而将蛋表面的细菌带入蛋内。

4. 摆放位置和翻蛋　种蛋通常放在开放的平台、蛋架或沙地上。种蛋锐端朝上的保存方法可以提高孵化率。如果种蛋保存2周以内，并在较冷的恒温室，则不需要翻蛋；若种蛋贮存超过2周，则应从种蛋开始保存起每天翻蛋1次。

四、种蛋包装和运输

种蛋包装和运输是较重要的环节，总体原则是将种蛋尽快、安全地运输到目的地。

1. 种蛋包装　可以采用特制的压模制造种蛋箱，箱内分成多层（盒），每层（盒）又可分成许多小格，每格放一枚种蛋，以免相互碰撞；或采用纸箱或木箱包装，箱内四周用瓦楞纸隔开，并用瓦楞纸做成小方格，每格放一枚种蛋；也可用洁净而干燥的稻壳、木屑等作为垫料来隔开和缓冲种蛋。需要注意的是种蛋包装时，应注意钝端朝上。

2. 种蛋运输　运输工具不限，但是长距离运输时应首选飞机，较近距离运输时可选用火车或汽车。运输时温度18℃、湿度70%为最适宜。应注意种蛋轻装轻放，避免阳光暴晒，防止雨淋受潮，严防强烈震动。种蛋到达目的地后，应尽快拆箱检验，经消毒后尽快入孵。

五、孵化厂

每个山鸡养殖场孵化厂的规模和条件都有一定差异。孵化成功的关键在于孵化厂详细计划的制订，以及良好的卫生环境、设施和设备。

1. 结构　孵化厂内最理想的结构是孵化、出雏、种蛋清洁和种蛋贮存相互隔离。种蛋清洗室应有一个朝外的窗口，以方便从种鸡场接收种蛋，所有房间的墙壁均应易于冲洗，有收集孵化器和出雏器污物的排水沟和混凝土地面，墙和天花板应该有绝热隔离层。

2. 通风　通风要顺畅，可以使新鲜空气适当地进入室内，污染空气排出室外，这是维持胚胎发育的良好环境基础。

3. 冷却　孵化厂房间内要有适当的冷却设施，在周围环境气温较高时，不仅可冷却孵化器，也可使人凉爽。冷却的最适宜方式是利用蒸汽冷却器，理想温度是 21～27 ℃，有助于减少由胚胎发育产生的热量。为了有助于稳定室内气压，排风扇的容量应该比冷却器进风扇大 10%。室内相对湿度维持在 70%～75%，可使孵化器操作更一致，因此，应该在孵化厂的各个房间内安装湿度控制器以维持适合的湿度，但必须是卫生的清洁过滤器，以免传播有害物质。

4. 设备　近年来山鸡的养殖规模增加速度较快，一些孵化器生产厂家已经生产了山鸡专门孵化器。山鸡专门孵化器的优点包括孵化箱能在最小的地面空间容纳最大的孵化量；带有计算机自动化控制温度和湿度的微电脑；强制通风循环，可均衡温度；机械的翻蛋设备，每 2 h 自动翻蛋1 次；孵化室与出雏室分开，以便更好地控制出雏环境；孵化箱内有较好的冷却和通风系统；设计和材料有助于清洗和消毒，并使蛋架车或蛋盘容易移动；配置有提示机械故障的自动报警系统、照蛋器、鉴别台或码蛋台、校正温度计等。

六、孵化期

在适宜的孵化条件下，中国山鸡的人工孵化期为 24 d。一般种蛋在孵化至第 22 天时开始啄壳，第 23 天时有少量雏山鸡出壳，第 23.5 天时大量出壳，至第 24 天出壳完毕。

孵化期过长或过短均会对种蛋孵化率和雏山鸡品质产生不良影响，而山鸡胚胎发育的确切时间还受蛋形大小、种蛋保存时间和孵化温度等因素影响。一般情况下，蛋型小的种蛋比蛋型大的种蛋孵化期略短。种蛋保存时间过长会使种蛋孵化期延长。孵化温度偏高时，应缩短种蛋的孵化时间；而偏低时，应延长孵化时间。

七、孵化环境

1. 温度　是山鸡胚胎发育的首要条件。山鸡种蛋在孵化阶段的最适宜温度为37.5～38 ℃，出雏阶段为37～37.5 ℃。温度过高或过低，不仅会影响孵化期，还会影响胚胎发育。一般情况不应该超过40 ℃，鸡胚发育最低温度（或生物临界点）为20 ℃左右，最高温度不超过43 ℃。但不同的孵化方法，所使用的温度范围也有所不同（表4-2）。

表4-2　中国山鸡不同孵化方法的给温制度（℃）

孵化方法	给温制度	孵化温度		
		孵化初期	孵化中期	孵化后期
整批入孵	变温	38.2	37.8	37.3
分批入孵	恒温	37.8	37.8	37.3

在种蛋孵化过程中，应该严格控制孵化室的温度，孵化室温度保持在21～27 ℃较为适宜，由于孵化室温度可以影响到孵化器内的温度，因此，当孵化室温度高于30 ℃或低于15 ℃时，应相应地降低或升高孵化温度0.3～0.5 ℃。

2. 湿度　对胚胎发育有较大影响。湿度过高或过低，均会影响到种蛋内水分的蒸发，影响孵化效果，而且孵化后期的湿度还会影响到蛋壳的坚硬度和雏山鸡的破壳，因此要控制种蛋中水分的蒸发，以维持种蛋成分中适当的生理平衡。湿度过高，会阻挡蛋壳气孔的空气交换而导致胚胎窒息；湿度过低，可使蛋内水分过多蒸发，从而延滞胚胎发育。孵化期间，孵化室的相对湿度应保持在50%～60%。不同给温制度的湿度要求见表4-3。

表4-3　中国山鸡不同给温制度的湿度要求（%）

给温制度	卵化湿度		
	孵化初期（1～10 d）	孵化中期（11～21 d）	孵化后期（出雏阶段）
变温	60～65	50～55	65～70
恒温	53～57	53～57	65～70

3. 通风　孵化过程中的正常通风，可保证胚胎发育过程中正常的气体代谢，满足新鲜氧气的供给，并排出二氧化碳。在种蛋孵化期间，胚胎周围空气中的二氧化碳含量不得超过0.5%。孵化后期由于胚胎需氧量的增加，必须加大通风量，使孵化器内含氧量不低于20%。在孵化过程中，应该一直保持孵

化室内空气的新鲜和流通，但孵化过程中的通风与孵化温度、湿度的保持是相互矛盾的，增加通风会影响孵化的温度和湿度，因此，必须通过合理调节通风孔的大小来解决这一矛盾。调节的原则是在尽可能保证孵化器内温度和湿度的前提下，孵化器内的空气越畅通越好。

4. 翻蛋　可使胚胎均匀受热，增加与新鲜空气的接触，有助于胚胎对营养成分的吸收，避免胚胎与壳膜粘连，促进胚胎的运动和发育，并保证胎位正常。孵化阶段一般每 2 h 翻蛋 1 次，翻蛋角度为 90°，落盘后应停止翻蛋，把胚蛋水平摆放，等待出雏。

目前使用的孵化器均安装有自动翻蛋装置，只要设置好翻蛋程序，机器就会自动翻蛋。如使用无自动翻蛋装置的孵化器或使用其他方法孵化，则需要手动翻蛋。

5. 晾蛋　在中国山鸡种蛋的孵化过程中，晾蛋不是必需操作步骤，可根据种蛋的情况决定。如果种蛋孵化时孵化器内入孵种蛋密集、数量较多，而孵化器通风不良或温度偏高，种蛋孵化后期，由于胚蛋自身产热日益增多，容易出现胚蛋积热超温的现象。此时除了加大通风量外，还应采取晾蛋的措施，每天定时晾蛋 2～3 次。具体方法是孵化器停止加热，打开箱门，保持通风，每次 10～15 min，将胚蛋降温到 32 ℃左右时恢复孵化。如孵化器性能良好，孵化的胚蛋密度不大，则可不进行晾蛋。

八、孵化方法

目前机器孵化法是最常用的一种山鸡种蛋孵化法，主要有全自动和半自动两种孵化器。①全自动孵化器（图 4－2）：山鸡种蛋在孵化过程中，将孵化器设定好各项技术参数，孵化器就会按照预先设定的程序进行数字化管理，完成孵化过程。②半自动孵化器：主要在温度、湿度控制或翻蛋等环节需要进行手工操作的孵化器，其他操作与全自动孵化器相同。机器孵化方法包括如下操作步骤。

1. 孵化器准备

（1）孵化器的安装与调试　孵化器应由生产厂家专业人员安装，第一次使用前必须进行 1～2 d 的试温运转，主要检查孵化器各部件安装是否结实可靠，电路连接是否完好，温度控制系统是否正常，温度是否符合要求，以及报警系统工作是否敏感等。孵化器试运行正常后，方可入孵种蛋。为防止突然停电，

图 4－2　中国山鸡全自动孵化器

孵化器最好有备用电源或自备发电机。

（2）孵化操作检查　在开始运转之前，应对机器进行全面检查。检查门上的垫片是否破损；检查水盘是否漏水；彻底清洁和消毒孵化箱、孵化器内部；如果设备安装有水银开关和晶片恒温器，需要检查水银开关和替换旧的晶片恒温器；检查自动化的翻蛋装置，确认所有的种蛋适度地倾斜而没有被卡住；润滑所有活动连接部；检查和调试通风设备；孵化箱和出壳箱的熏蒸采用 3 倍浓度的混合液；在孵化和操作中，将温湿度计插入机器中，并校正温度和湿度，至少在入孵前 24 h，设定干球的温度范围，确认按照制造商的说明书要求步骤进行；检查温度计，将标准温度计与孵化器温度计同时插入 38 ℃温水中，观察温差，如二者相差 0.5 ℃以上，则应更换孵化器温度计；清洗温度计和替换湿球温度计上的纱布。孵化中需要注意的是将种蛋的钝端向上放入蛋盘中。

2. 孵化期管理

（1）种蛋预热　是指将种蛋从蛋库内 10～15 ℃的环境下移出，使其缓缓增温，从而使胚胎从静止状态苏醒过来，这样有利于胚胎的健康发育。

预热的方法主要是在入孵前 4～6 h，将消毒过的种蛋钝端朝上，整齐码放在蛋盘上，然后放置在 20～25 ℃的环境内。在分批入孵的情况下，种蛋预热还可降低孵化器内温度骤然下降的可能性，避免对其他批次种蛋孵化效果的影响。

（2）种蛋入孵　为方便孵化管理，最好将预热的种蛋在下午 2:00 入孵，这样会使雏山鸡的出壳时间集中在白天。如采用分批入孵的方法进行种蛋孵化，一般以间隔 7 d 或 5 d 入孵一次为宜。每次入孵时，应在蛋盘上准确标记标签并注明批次、品种和入孵时间等信息，以防混淆不同批次的种蛋。入孵时最好新批次种蛋蛋盘穿插在以前批次的中间，以利于温度调节，并应特别注意蛋盘的固定和蛋架车的配重，防止蛋盘滑落或蛋架车翻车。

（3）孵化温度、湿度控制　孵化温度、湿度的调控非常重要，需要注意以下 5 个方面。

① 全自动孵化器能自动显示孵化器内的温度和湿度，半自动孵化器的门上装有玻璃窗，内挂有温度计和干湿度计，孵化时应每 2 h 观察一次温度和湿度并做好记录。

② 孵化器内各部位温差不能超过±0.2 ℃，湿度不能超过±3.0%。

③ 对已经设定好的温湿度指示器，不要轻易调节，只有在温度和湿度超过最大允许值时，才可进行适当调整。

④ 当孵化器报警装置启动时，应立即查找原因并加以解决。

⑤ 调节孵化器内湿度的方法是采取增减孵化器内的水盘，向孵化器地面洒水或直接向孵化器内喷雾等方式。

（4）断电时的处置　孵化过程中一旦发生停电或孵化器故障时，应根据不同情况采取相应措施。

① 当外部气温较低，孵化室温度在 10 ℃以下时：如停电时间在 2 h 以内，可不作处置；如时间较长，应采取其他方法加温，使室温达到 21～27 ℃，适当增大通风孔并每半小时翻蛋一次。

② 当外部气温超过 30 ℃，孵化室温度超过 35 ℃时：如胚龄在 10 d 以内，可不作处理；如胚龄大于 10 d，应部分或全部打开通风口，适当打开孵化器门，每 2 h 翻蛋一次，还应经常检查顶层蛋温，并调节通风量，以免造成烧蛋等不良后果。

3. 出雏期管理

（1）落盘与出壳　当山鸡种蛋孵化到 21 日龄时，将胚蛋从孵化器的孵化盘中移入出雏盘的过程称为落盘。种蛋落盘时应适当提高室温，同时注意动作要迅速和轻柔。

生产群的种蛋落盘时，只需将种蛋移到出雏盘即可；而家系配种的种蛋落盘时，应将同一母鸡所产种蛋装置于一个网袋中，并注明相关信息，同时必须按个体孵化记录的顺序进行，以免出现差错。

种蛋孵化至23 d时，会开始出现大量雏鸡啄壳现象，此时应注意观察。若发现有雏山鸡已经啄破蛋壳，且壳下膜已变成橘黄色，但破壳困难，则应施行人工破壳。方法是从啄壳孔处剥离蛋壳1/2左右，将雏山鸡的头颈拉出后放回出雏箱中继续孵化至出雏完成。

（2）拣雏　当出雏器内种蛋有30%以上出壳时，可开始拣雏。拣雏时动作要迅速，同时还应拣出空蛋壳，以防止套在未出雏种蛋上影响出壳。拣雏每隔4 h进行一次，并将拣出的雏苗放置在铺有软而不光滑纸的容器内，温度为34～35 ℃，离热源较近、黑暗之处。拣雏时还应注意避免出雏器内温度骤然下降，影响出雏。

对于家系配种的种蛋，应按不同的网袋进行一次性拣雏并放置在不同的容器内，同时还应做好相应的标记及相关信息的登记。生产群配种的雏山鸡只需将雏鸡拣出，并做好雏山鸡数量记录即可。

（3）清扫与消毒　出雏完成后必须对出雏器及其他用具进行清洗和消毒，具体方法是对出雏器及出雏盘、水盘等进行彻底清洗后，用高锰酸钾和福尔马林熏蒸消毒30 min。

4. 孵化记录　孵化记录中应包括温度、湿度、通风、翻蛋等管理情况，以及照蛋、出壳情况和雏山鸡健康状况等，并计算受精率和孵化率等孵化生产成绩。

九、孵化效果检验

1. 胚胎发育过程　在孵化条件适宜时，中国山鸡胚胎正常的发育情况见表4-4。

表4-4　中国山鸡胚胎发育不同时间的外部特征

孵化时间	发育特征
第1天	照检：无变化 剖检：胚胎边缘出现血岛，胚胎直径3 mm
第2天	照检：无变化 剖检：同第1天
第3天	照检：无变化 剖检：心脏开始跳动，血管明显，卵黄膜明显、完整
第4天	照检：胚胎周围出现明显的血管网 剖检：卵黄膜破裂，出现小米粒大小、透明状的脑泡

（续）

孵化时间	发育特征
第5天	照检：胚胎及血管像个“小蜘蛛” 剖检：可见灰黑色眼点，血管呈网状
第6天	照检：可见黑色眼点 剖检：胚体弯曲，尾细长，出现四肢雏形，血管密集，尿囊尚未合拢
第7天	照检：同第6天，但血管网明显，布满卵的1/3 剖检：羊膜囊包围胚胎，眼珠颜色变黑
第8天	照检：胚胎看不清楚，半个蛋表面已布满血管 剖检：胚胎形状同第7天，羊膜囊增大，内脏开始形成，脑泡明显增大，嘴已经开始形成，但尚未有喙的形状
第9天	照检：同第8天 剖检：羊膜囊进一步增大，四肢形成，趾明显，有高粱粒大小的肌胃
第10天	照检：同第9天 剖检：脑血管分布明显，眼睑已经渐渐成形，胸腔合拢，肝脏形成
第11天	照检：血管网布满蛋的2/3，但大多数不甚清楚，颜色较暗 剖检：喙已比较明显，腹部合拢，腿外侧出现毛囊突起，肝变大、呈淡黄色
第12天	照检：整个蛋除气室以外都布满血管 剖检：大腿外侧及尾尖长出极短的绒毛，肌胃增大，肠道内有绿色内容物，肛门形成
第13天	照检：同第12天 剖检：背部出现极短的羽毛
第14天	照检：血管加粗，颜色加深，蛋内大部暗区 剖检：体侧及头部有羽毛出现
第15天	照检：暗区增大 剖检：除腹部及下颌外其他部位均被有较长的羽毛，喙出现角质化，胆囊出现
第16天	照检：暗区增大 剖检：喙全部角质化，眼睑完全形成，腿出现鳞片状覆盖物，爪明显，蛋黄部分吸入腹腔
第17天	照检：同第16天 剖检：整个胚胎被羽毛覆盖
第18天	照检：锐端看不到红亮的部分，蛋内黑影 剖检：羽毛及眼睑完全，有黄豆粒大小的嗉囊出现

（续）

孵化时间	发育特征
第 19～20 天	照检：同第 18 天 剖检：胚胎类似出雏时位置，即头在右翼下，闭眼
第 21 天	照检：气室向一方倾斜 剖检：同第 20 天
第 22 天	照检：蛋壳膜被喙顶起，但尚未穿破 剖检：蛋黄全部吸入腹腔内，蛋壳有少量的胎衣，呈灰白色
第 23 天	照检：喙穿入气室 剖检：眼可睁
第 23.5～24 天	孵出雏鸡

2. 山鸡种蛋孵化效果检查

（1）照蛋　使用机器孵化方法，主要是使用照蛋器进行，利用照蛋器的灯光透视胚胎发育情况，简便、准确，是山鸡种蛋孵化过程中检查孵化情况最常用的一种方法。

① 头照：在种蛋孵化的第 7 天时进行头照，照蛋时应把无精蛋和破损蛋及时剔除，以防止蛋因变质、发臭或爆裂等污染孵化器，同时还可以空出一部分孵化器空间，便于空气流通。照蛋时，无精蛋一般可见蛋内透明，隐约可见蛋黄影子，没有气室或气室很小；中死蛋可见蛋内有血环、血块或血弧，蛋内颜色和气室变混浊。

② 抽检：如果孵化正常，可以不进行此步骤。抽检一般在种蛋孵化至第 12 天时进行，随机抽几盘蛋进行照检，以检查胚胎发育情况是否正常。此时照检，可见正常胚蛋锐端布满血管，如照检见锐端淡白，则表示胚胎发育缓慢，应适当调整孵化条件。

③ 二照：一般在落盘时进行，主要是检查胚胎的发育情况，并拣出死胚蛋和弱胚蛋。此时照检，可以看到发育良好的胚蛋，除气室外，胚胎已占满整个胚蛋，气室边缘界限弯曲，血管粗大，可见胚动。弱胚蛋，可见气室较小，边界平齐；死胚蛋，则看不见气室周围的暗红色血管，气室边界模糊，胚蛋颜色较淡，锐端颜色会更淡。

（2）种蛋失重测定　种蛋重量的损失主要是由于水分从蛋壳孔中蒸发，孵化蛋重正常的水分损失与孵化器中的湿度成反比。山鸡在整个孵化期内蛋重总的损失为高湿度（80%）条件下为11.5%，低湿度（40%）条件下为18.4%，最佳的水分损失为13.8%，一般以15%为宜。

主要测定种蛋在孵化过程中因蛋内水分蒸发造成的蛋重变化情况。测定方法是定期称取种蛋的重量。中国山鸡种蛋孵化过程中的失重情况见表4-5。

表4-5 中国山鸡胚蛋失重情况

孵化天数	胚蛋失重情况（%）
6	2.5～4.5
12	7.0～8.0
18	11.0～12.5
21	12.7～15.8
24	19.0～21.0

如果中国山鸡胚蛋的失重情况超过表4-5中所规定的变化范围，则提示孵化过程中湿度可能过高或过低，应进行适当调整。

中国山鸡种蛋孵化期间最佳失重计算如下：

$$每天失重=(W_t \times 15\%)/T$$

式中：W_t 为新鲜蛋重；T 为孵化期。

若新鲜蛋重未知，计算如下：

$$W_t\ (g)=0.548 \times D^2 \times L$$

式中：D 为蛋短径（cm）；L 为蛋长径（cm）。

种蛋失重的百分比用下列公式确定：

$$失重的百分比=(W_{t_2}/W_{t_1}) \times T_1/T_2 \times 100\%$$

式中：W_{t_1} 为新鲜蛋重；W_{t_2} 为称重时失去的重量；T_1 为孵化期；T_2 为称重时孵化的天数。

（3）观察出壳雏山鸡　在胚蛋落盘后应认真记录雏鸡的啄壳时间和出壳时间，仔细观察雏鸡的啄壳状态和大批出雏时间是否正常。雏鸡出壳后还应细心观察雏山鸡的健康状况、体重，以及活力和蛋黄吸收状况，并注意观察畸形和残疾等情况，以检验孵化效果，并为育种提供依据。

（4）剖检死胚　解剖死胚通常可发现许多胚胎的病理变化，如充血、贫血、出血、水肿等，还可以确定胚胎的死亡原因。剖检时首先判定胚胎的死亡日龄，并注意观察皮肤及内部脏器的病理变化，对山鸡啄壳前后死亡的胚胎应

观察胎位是否正常。

3. 种蛋孵化效果分析　种蛋孵化率主要影响因素有种蛋和孵化。种蛋和孵化因素造成孵化不良的原因见表4-6和表4-7。

表4-6　中国山鸡种蛋因素造成孵化不良的原因

原因	新鲜蛋	第一次检蛋	打开蛋检查	第二次检蛋	死胎	初生雏
缺乏维生素D	壳薄而脆，蛋白稀薄	死亡率略有升高	尿囊生长缓慢	死亡率明显升高	胚胎营养不良	出壳拖延，雏山鸡软弱
缺乏核黄素	蛋白稀薄	—	发育略有迟缓	死亡率升高	胚胎营养不良，羽毛卷缩，脑膜浮肿	很多雏山鸡软弱，胫及肢麻痹，羽毛卷缩
缺乏维生素A	蛋黄色浅	无精蛋增多，死亡率升高	生长发育略有迟缓	—	无力破壳或破壳不出而死	有眼病的弱雏多
保存时间过长	气室大，系带和蛋黄膜松弛	很多鸡胚会在1～2d死亡，剖检时胚盘表面有泡沫出现	发育迟缓	发育迟缓	—	出壳时间延迟

表4-7　孵化因素造成孵化不良的原因

原因	第一次检蛋	打开蛋检查	第二次检蛋	死胎	初生雏
前期过热	多数发育不良，有充血、溢血、异位现象	尿囊早期包围蛋白	—	异位，心、胃、肝变形	出壳早
温度不足	生长发育迟缓	生长发育迟缓	生长发育迟缓，气室界限平齐	尿囊充血，心脏增大，肠内充满蛋黄和粪便	出雏时间拖长，站立不稳，腹大，有时下痢
孵化后半期过热	—	—	破壳较早	在破壳时死亡多，不能很好地吸收蛋黄	出壳早而时间拖长，雏弱小，粘壳，蛋黄吸收不好
湿度过高	—	尿囊合拢延缓	气室界限平齐，蛋黄失重小，气室小	喙黏附在蛋壳上，肠、胃充满黏性液体	出壳期延迟，绒毛粘壳，腹大

（续）

原因	第一次检蛋	打开蛋检查	第二次检蛋	死胎	初生雏
湿度不足	死亡率高，种蛋失重大	种蛋失重大，气室大	—	啄壳困难，绒毛干燥	早期出雏绒毛干燥，粘壳
通风换气不良	死亡率高	羊膜囊液中有血液	羊膜囊液中有血液，内脏器官充血及溢血	在蛋锐端啄壳	—
翻蛋不正常	蛋黄黏附于蛋壳上	尿膜囊没有包围蛋白	在尿囊外具有黏着性的剩余蛋白	—	—

4. 死亡规律分析　种蛋在孵化过程中会出现胚胎死亡现象，而且其死亡的比例与孵化的各个阶段和孵化率有较大的相关性。中国山鸡胚胎死亡规律见表4-8。

表4-8　中国山鸡胚胎死亡规律

孵化水平（%）	孵化过程中死蛋占受精蛋的比例（%）		
	第1～7天	第8～20天	第21～24天
90	2～3	2～3	4～6
85	3～4	3～4	7～8
80	4～5	4～5	10～12

一般情况下，缺乏某些营养成分也会引起胚胎中等程度的死亡。胚胎死亡率呈现出明显的周期性。山鸡胚胎的危险期一般发生在孵化第4天、第12天和第22天。当大多数的组织开始形成时，发生第1个胚胎死亡高峰（第4天），主要是血液循环系统发育出现问题造成的，其他原因还有鸡蛋收集和贮存操作不当、种鸡年龄较大及孵化器出现故障等。

第1个死亡高峰后通常会持续一个长期的低死亡率，这时如发生死亡，原因可能是孵化器问题，或是种山鸡营养缺乏，如核黄素、维生素B_{12}、锰和泛酸缺乏。与第1个死亡高峰相比较，第3次死亡高峰（第22天）与出壳问题相关。主要是胚胎此时转变成肺呼吸造成的，其他原因还有水分蒸发增加（孵化时间长、湿度低、蛋壳质量差等）、鸡群年龄较大、种蛋受污染等（图4-3）。

第 21 天，胚胎的头处于大腿之间，外部仅剩蛋黄和少量蛋白。最后 3 天，胚胎将其头在右翅下伸进气室，然后按逆时针方向啄壳。雏鸡啄壳时，肺呼吸开始，尿囊退化，卵黄通过卵黄囊的脐带进入体内，此时，所有的蛋白应已被完全利用，否则，当蛋白粘住鼻孔时，会引起窒息。另外，啄壳时若湿度过高，水分进入雏山鸡鼻孔，也会引起窒息。

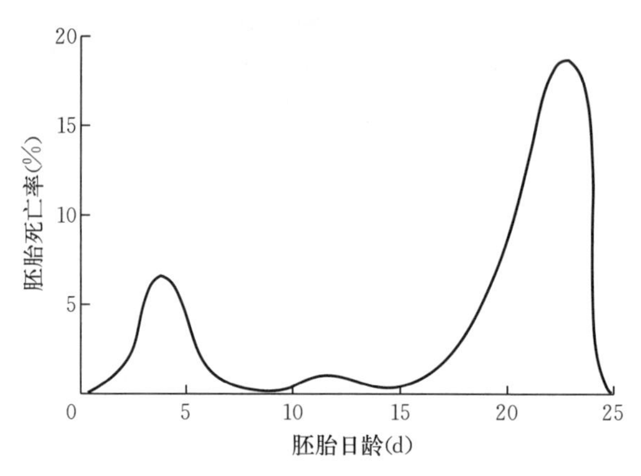

图 4－3　中国山鸡胚胎死亡高峰

第五节　选配方法

一、种山鸡选择

种山鸡选择主要根据外貌与生理特征进行。大群地面平养饲养场，因为饲养方式的特点，不易进行个体生产性能记录，可以通过鉴定种鸡的外貌与生理特征，在大群中进行优中选优。

1. 种用雏鸡的选择　一般在雏鸡 3～4 周龄时进行第一次选择，称为初选。根据被毛色彩、斑纹颜色、喙和脚颜色等选择符合品种特征的种雏。按照体型大、健壮、体质结实紧凑、活泼好动、叫声响亮、脚趾发育良好等标准进行留种。留种数量应比实际种用数量多 50%，以备后续选择和淘汰。

2. 后备种鸡的选择　山鸡在 17～18 周龄时育成期结束，进行第二次选种。此时山鸡骨架已长成，全身羽毛基本长好。选种时：①观察山鸡生长发育水平，将生长速度较慢、体重较轻、不符合本品种要求的山鸡淘汰；②观察体型结构与外貌特征，将体羽颜色、喙和趾颜色不符合本品种要求的个体淘汰。留种数量应比实际种用数量多30%。翌年3月，在繁殖季节到来之前进行最后一次选种，留种量应比实际参配种山鸡多3%～5%。对于种山鸡体重，应选留中等或中等偏上者。对于种山鸡外貌特征的要求，应同成年山鸡一致。

3. 成年母鸡的选择　中国山鸡秋季已完成一个产蛋年，此时应选择留出下年度参加生产的山鸡母鸡，选留量应比实际需要量多10%，然后在翌年开产前再选一次，选留的数量应比实际需要量多3%～5%，可以补充繁殖季节死亡鸡只。大群选择应考虑如下两个方面。

（1）体型结构与外貌特征　选择身体健康，结构匀称，发育正常，活泼好动，采食力强，头部清秀，眼大有神，胸宽而深，体躯长，肛门松弛且湿润，两脚长短适中、距离宽，皮肤有弹性，耻骨距离宽，龙骨到耻骨间距离较大和腹部容积大的山鸡留种。

（2）换羽与褪色　山鸡完成一个产蛋年后，要进行一次换羽。鉴定山鸡母鸡换羽主要的原则是观察主翼羽的更换情况。低产山鸡换羽早，一次换一根；高产山鸡换羽较晚，一般一次换2～3根。因此，应选择换羽晚且快的山鸡留种。

中国山鸡在肛门、喙、胫、脚、趾等表皮层含有黄色素，当山鸡母鸡产蛋时，这些部位的表皮会变成白色，称为褪色。山鸡母鸡产蛋越多褪色会越重，所以应选择褪色重的山鸡母鸡留种。

4. 种公鸡的选择　山鸡种公鸡外貌和生理特征，主要根据体型大小、羽毛颜色进行选择。应选留身体健壮，发育良好、匀称，体重大，耳羽簇发达，眼圈颜色鲜艳，皮肤柔软有弹性，胸部宽深，背腰平直而宽，两脚距离较宽，站立稳健有力，脚趾发育良好，羽毛丰满华丽、富光泽，姿态雄伟，站立时尾羽上举，无食蛋癖的山鸡公鸡作为种用。

二、选配方法

不同的选配方法，具有不同的选育效果。根据交配个体间的表型特征和亲缘关系，通常将选配方法分为品质选配和亲缘选配。

（一）品质选配

品质选配可分为同质选配和异质选配。

1. 同质选配　是选择在外形、生产性能或其他经济性状上相似的优秀山鸡公、母鸡进行交配。目的在于获得与双亲品质相似的后代，以巩固和加强它们的优良性状。同质选配的作用主要是稳定鸡群优良性状，增加纯合基因型的数量，但同时也可能提高有害基因同质结合的概率，将双亲的缺点也固定下来，从而导致适应性和生活力下降。所以必须加强选种，严格淘汰不良个体，改善饲养管理，以提高同质选配的效果。同质选配分为基因型同质选配和表现型同质选配。基因型同质选配是根据谱系或家系等资料，可以判定相同基因型的交配，其极端即近亲交配；表现型同质选配是指不了解配种双方的谱系，只根据个体外表的表现，按照具有相似的生产性能和性状配种的方式。

2. 异质选配　是选择在外形、生产性能或其他经济性状上不同的优秀山鸡公、母鸡交配。目的是选用具有不同优良性状的双亲交配，结合不同优点，获得兼有双亲优良品质的后代。异质选配的作用在于通过基因重组综合双亲的优点或提高某些个体后代的品质，丰富鸡群中所选优良性状的遗传变异。在育种实践中，只要鸡群中存在着某些差异，就可采用异质选配的方法来提高品质，并及时转入同质选配加以固定。异质选配分为基因型异质选配和表现型异质选配。基因型异质选配是根据谱系或家系等资料，选择配种双方无血缘关系，预期在后代中获得双亲的优点，或者利用一方的优点而进行的选配，其形式即品种或品系间的杂交；表现型异质选配是根据表型性状而不依据谱系或血缘的选配。

（二）亲缘选配

亲缘选配是根据交配双方的亲缘关系进行选配。按照选配双方的亲缘程度远近，分为近亲交配（近交）和非近亲交配（非近交）。从群体遗传学角度分析，一个大的群体在特定条件下，群体的基因频率与基因型频率在世代相传中应能保持相对的平衡状态，如果上下两代环境条件相同，表现在数量上的平均数和标准差大致相同。但是，如果不是随机交配，而代之以选配，就会打破平衡。当选配个体间的亲缘关系高出随机交配的亲缘程度时就是近交，低于随机交配的程度时就是非近交。

三、育种方法

中国山鸡常用的育种方法包括纯种选育和杂交育种。

（一）纯种选育

中国山鸡纯种选育有三种常用方法。

1. 家系育种法　采用小间配种法，每小间放入 1 只山鸡公鸡和 12～15 只山鸡母鸡组成一个家系，采用系谱孵化并记录。育成期结束后，对每个家系分别选种，对性状表现良好的家系进行扩繁，形成优良家系，然后封闭血缘，进一步选育，形成具有一定特点的品系；也可根据山鸡育种目标，采用近亲交配的方法组成家系进行选育，把优良性状固定下来。采用家系育种时，所用供选家系应该不少于 20 个，经 3～5 世代后可形成具有一定特性的优良家系，再经过 6～8 世代的封闭选育，即可形成新的山鸡品系。

2. 系组建系育种法　首先在原始群中选出最好的山鸡种公鸡作为系祖，然后采用温和近交（堂表兄妹），使后代都含有同一系祖的血缘，形成具有同一系祖特点的山鸡群体，然后固定下来，并不断遗传下去，形成新的品系。

3. 封闭育种法　从原始山鸡种群中，选择具有相同特点、生产性能相一致的小群，然后封闭饲养，在小群内自繁选育。选育几个世代后，就可形成品系群。此外山鸡群与外界隔绝，经过长期有目的的选择，即形成山鸡新品种。

（二）杂交育种

中国山鸡除了进行纯种繁育以外，也可以利用其优势性状作为亲本进行杂交育种。杂交育种是将两个或多个品种的优良性状通过交配集中在一起，再经过选择和培育，获得新品种的方法。杂交可以使双亲的基因重新组合，形成各种不同的类型，为选择提供丰富的材料。杂交育种是培育优秀新品种的重要途径，也是改良低产鸡群、创造新类型的重要手段。杂交育种中应用最普遍的是品种间杂交（两个或多个品种间的杂交），其次是远缘杂交（种间以外的杂交）。

1. 开展杂交育种应具备的条件　杂交的双亲应具有较大的异质性，可以获得超越双亲的生产性能或经济性状。选配山鸡公鸡的生产性能应具有突出优点，并且体质结实、体型外貌良好和健康无疾病等。被改良品种必须有一定数量的山鸡母鸡群，并且在繁殖力等方面具有优良品质，配备优良的设施条件和管理水平，以保证杂交后代的优良性状得到巩固和发展。严格选择杂交后代，

因为杂交后代的变异性较大，易出现分离现象，只有严格选择，才能达到预期效果。适时控制杂交程度，当杂交后代中出现理想个体后，应及时进行固定，加强选育。

2. 杂交育种方法　家养动物培育新品种的杂交育种方法主要为系谱法。系谱法是指杂种分离世代开始连续进行个体选择，并进行编号记录，直到获得性状表现一致且符合要求的后代。这种方法要求对所属杂交组合亲本均有按亲缘关系的编号和性状记录，使各代育种材料有家谱可查，所以称为系谱法。我国山鸡有二系杂交、三系杂交和四系杂交，目前多采用三系杂交。

二系杂交是两个不同品系的杂交，其后代既可用于商品生产，也可用于三系和四系杂交的素材。二系杂交是较简单和快速的生产商业产品方法，杂交选择的品系能保护双亲群体的某些选择性状，例如培育肉用型山鸡，用肉用性状优秀的山鸡公鸡品系和产蛋好的山鸡母鸡品系杂交，以便在杂交种中维持良好的产蛋率和受精率水平。三系杂交是用二系杂交的后代与第三个品系杂交，产生的后代直接用于生产，其特点是杂种优势比二系杂交更大。四系杂交是用四个不同品系先进行两两杂交，所得到的两个后代再杂交，培育出具有四个品系特点的后代，这种杂交方式由于使用的品系较多，遗传品质更完全，杂种优势更大。采用四系杂交生产期望的商业产品，杂交亲本选择原则为父系体重大、羽速生长快，母系产蛋量高、性成熟早。

四、配种方法

（一）配种日龄

种山鸡参加配种的日龄依据生产需要进行确定。一般情况下，在地面平养时，山鸡母鸡在开产前 2 周与种山鸡公鸡合群配种。笼养时，产蛋率达到 50%时，开始对山鸡公鸡进行调教和人工采精，山鸡母鸡产蛋量以第 1 个产蛋周期为最高，每个周期会逐步递减，因此生产群种山鸡一般只用第 1 个产蛋周期的山鸡参加配种；但第 2 个产蛋周期的山鸡母鸡所产种蛋的蛋重较大，种蛋孵化率和育雏成活率也较高，一些养殖场也进行第 2 个产蛋周期的生产。育种群种山鸡场有时为了鉴定种山鸡的生产性能，可使用超过 2 个生产周期的种山鸡。特别优秀的种山鸡，其使用年限还可更长一些。

种山鸡公鸡的使用年限也因生产和育种的区别而有所不同，一般生产群种山鸡，山鸡公鸡使用1～2年，但考虑成本原因，以使用1年的山鸡公鸡较普遍，而育种群种山鸡的山鸡公鸡有特殊需要的，可连续使用2年。

（二）公母比例

合适的公母比例可保证种蛋有较高的受精率。国外资料证明，山鸡较合适的公母比例为1∶12和1∶18，两种比例种蛋受精率没有明显差异；山鸡公、母鸡交配后，10 d之内的最高受精率可保持在90%以上。目前，美国采用的配种比例为1∶(4～10)，而国内种山鸡场的配种比例为1∶(4～8)，一般开始为1∶4，随着无配种能力山鸡公鸡的不断淘汰，至配种结束时的比例为1∶8，且仍可获得较高的受精率。

不同的配种方法，其公母比例也有所不同，一般大群配种时为1∶6，小群配种时以1∶(8～10）效果最好，人工授精公母比例为1∶(20～30）最优。

（三）配种实施

目前常用的山鸡配种方法有大群配种、小间配种和人工授精3种。

1. 大群配种　是目前种山鸡场普遍采用的配种方法，就是在数量较大的母鸡群内按1∶(4～6）的公母比例组群，自由交配，群体大小以100只为宜，让每一只山鸡公鸡与每一只山鸡母鸡均有随机的配种机会。

2. 小间配种　是目前山鸡育种场的常用配种方法，就是将一只山鸡公鸡与4～6只山鸡母鸡放在小间配种。如要建立系谱，则必须给山鸡公、母鸡均佩戴翅号或脚号；如需明确山鸡母鸡性能，则将山鸡母鸡佩戴翅号或脚号，并设置自闭产蛋箱，在山鸡母鸡下蛋后立即拣出进行标记；如需明确山鸡公鸡性能，则将山鸡公鸡佩戴翅号或脚号，种蛋上标记山鸡公鸡翅号或脚号即可。

3. 人工授精　目前工厂化笼养山鸡多采用人工授精技术，不仅可解决笼养山鸡的配种问题，还可减少山鸡公鸡的饲养数量。1只山鸡公鸡可以配30～50只山鸡母鸡，可大大节省饲料，加快育种工作进程，还可减少疾病的传播。

第六节　性能测定

性能测定分别从外貌特征性状、生产性能等方面进行。

一、外貌特征性状测定

对保种群各世代个体的外貌特征、体重、体尺等表型性状进行记录和测定，测定数量不少于400只，建立各世代的表型性状档案，分析各世代间的性状差异，监测保种群表型性状稳定性。

测定的外貌特征性状包括羽色、冠型、胫色、毛脚等外观，体斜长、龙骨长、胫长、胫围、胸深、胸宽、髋骨宽等体尺性状；并记录每个世代保种群个体的初生重、早期生长速度和育雏（成）期存活率，监测保种群生长发育性能稳定性。

二、生产性能测定

（一）产肉性能测定

每2个世代测定一次保种群成年公、母山鸡屠体重、半净膛重、全净膛重、胸肌重、腿肌重、腹脂重、屠宰率、半净膛率、全净膛率、胸肌率、腿肌率和腹脂率等，测定数量为公、母鸡各30只以上，监测保种群产肉性能稳定性。

（二）产蛋性能测定

记录每个世代保种群母鸡个体的开产日龄、开产体重、开产蛋重、43周龄产蛋数、56周龄产蛋数和平均蛋重等指标，根据各指标的变化，监测保种群产蛋性能稳定性。

（三）繁殖性能测定

记录每个世代保种群继代繁殖时种蛋合格率、种蛋受精率、受精蛋孵化率和健雏率等指标，观测母鸡就巢性和就巢率，监测繁殖性能在各世代间的维持情况。

第五章 营养与饲料

第一节　消化生理

山鸡的消化器官与其他家禽一样，包括喙、口、咽、食管、腺胃、肌胃、小肠、大肠、泄殖腔及唾液腺、胰腺和肝脏。山鸡没有牙齿，依靠嗉囊和肌胃消化食物，没有结肠，有两条盲肠。

山鸡嗅觉不发达，主要依靠视觉和触觉来寻找食物。山鸡的采食器官是角质喙，因其口腔内没有牙齿，采食后食物不经过咀嚼，被唾液稍稍润湿后，借助舌及食物自身的重力被迅速吞咽。山鸡口腔和咽壁分布有发达的唾液腺，可以分泌黏液，经过导管流入口腔，协助润湿饲料和吞咽食物。

山鸡嗉囊与其他禽类一样均能储存食物。嗉囊内栖居的微生物对食物可以进行初步发酵。山鸡在饥饿时，嗉囊内不含有液体，表面会覆盖少量黏液，这是山鸡与其他家禽类不同之处。

山鸡胃的消化包括腺胃和肌胃消化。腺胃消化主要是连续分泌富含盐酸和胃蛋白酶的消化液，饲喂时其分泌量增加，饥饿时则减少。由于腺胃的容积较小，食物在此停留的时间比较短，因此胃液只有随着食物一同进入肌胃后才能发挥其消化作用。肌胃内壁分布有角质膜，不分泌消化液，所以需要经常饲喂一些沙砾，以供山鸡食用，有助于磨碎坚硬的食物。腺胃分泌的消化液进入肌胃，会借助肌胃运动与食物充分混合后对其进行消化。

山鸡小肠的消化主要是通过肠壁平滑肌收缩，将食糜与胰液、胆汁和肠液等消化液混合，对其进行化学消化。食糜在小肠消化后，一部分进入盲肠，其余进入直肠继续消化。山鸡直肠较短，食糜停留的时间也短，对消化起不到重

要作用，主要功能是吸收一部分水分和盐类，形成粪便，排出泄殖腔，与尿液混合后排出体外。

第二节　生长规律

山鸡刚出壳就全身覆盖绒毛，在正常的饲养管理条件下，7 日龄翼羽全部长齐，15 日龄大部分换成扁羽，30 日龄扁羽全部长齐，50 日龄可以从羽毛分辨出公母。山鸡从出生到成年要经过 2 次换羽，第 1 次换羽是在出生后到 30 日龄，这时绒毛全部换成正羽；1～2.5 月龄进行第 2 次换羽，更换新的正羽。山鸡在第 2 次换羽期间，翅膀、背、腰、尾等部位的羽毛会掉光，裸露大部分体表。此时期应加强饲养管理，降低饲养密度，保证充足的蛋白质、矿物质元素等，防止引起山鸡啄肛、啄羽等恶癖。

山鸡相对生长发育最快的时期是 4 周龄内，平均每周的相对生长率在 50%以上，腿、翅和尾的生长速度快于其他部位。为了使山鸡在生长较快时期发挥其最大的遗传潜力，要加强饲养管理，为其提供适宜的生长环境，保证饲料全价，增加饲料的适口性和可消化性。6～12 周龄是山鸡的绝对增重期，每天增重可达 10 g 以上。18 周龄时，已经接近成年山鸡体重。

第三节　营养需求

一、营养需要

山鸡的生命活动主要依靠日粮中营养物质的供给，通过采食饲料，消化各种营养物质，并将其转化成为自身机体的物质，以满足自身生长发育和生产需要，其主要基础营养物质包括水、能量、蛋白质、碳水化合物、脂肪、维生素和矿物质等。

（一）水

水对动物的重要性，同样适用于山鸡。水是山鸡体内最重要、最不可缺少的物质。水对物质代谢有特殊的作用，也是体液的主要成分。在蛋白质胶体中的水，直接参与构成活的细胞与组织。水对于营养物质的消化、吸收和输送，代谢产物及多余物质的排泄是必需的。水参与维持体内酸碱平衡和渗透压，保持活细胞的正常状态，减少关节活动的摩擦，软化和润滑饲料，可以帮助调节体温，使山鸡体温保持恒定。山鸡体内的各种生化反应、物质的合成与分解都离不开水。

（二）能量

能量是山鸡进行一切生理活动的基础物质，饲料中的碳水化合物、蛋白质和脂肪是山鸡能量的主要来源，但由于蛋白质饲料价格比较高，较少将其用作能量饲料；目前最常用的能量饲料是价格相对较低的淀粉类饲料。山鸡可以将淀粉转化成脂肪，并合成各种脂肪酸来满足需要，因此，山鸡一般不会发生脂肪缺乏的状况，但亚油酸必须靠饲料供给，而玉米则含有较高的亚油酸，含有较多玉米的饲料无须额外添加亚油酸。另外，脂肪的能量含量比淀粉高出2倍多，饲料中适当添加脂肪能显著提高饲料中的能量水平。

中国山鸡对能量的需要受体重、产蛋率、环境温度及活动量等因素的影响，如在饲料中蛋白质水平不变的情况下，其采食量与饲料中的能量水平呈反比；而当饲料中能量水平偏低时，山鸡会增加采食量而造成蛋白质浪费。但在使用高能量饲料时，可因采食量减少而造成蛋白质不足。因此，山鸡饲料中的能量和蛋白质应保持一定的比例，即“能量蛋白比”平衡。通常情况下，雏山鸡阶段需较高的能量水平，青年鸡阶段应适当控制能量水平，产蛋期则应根据产蛋率适当提高能量水平。

（三）蛋白质

蛋白质对山鸡的生长具有非常重要的作用，它是山鸡体内一切组织，如肌肉、血液、皮肤等各种器官，以及酶、激素、抗体、色素等的重要组成成分，同时也是蛋和羽毛的结构物质，所以蛋白质是维持山鸡机体正常代谢，生长发育，繁殖，以及形成蛋、肉、羽等的重要营养物质。山鸡必须通过采食摄取蛋白质，经过体内同化作用重新组成机体蛋白质，而不能通过碳水化合物、脂肪等养分代替。

中国山鸡所需的必需氨基酸主要包括精氨酸、组氨酸、异亮氨酸、亮氨酸、赖氨酸、蛋氨酸、苯丙氨酸、苏氨酸、缬氨酸、甘氨酸；半必需氨基酸包括胱氨酸和酪氨酸；非必需氨基酸包括丙氨酸、天门冬氨酸、谷氨酸、脯氨酸和丝氨酸。因此，不同阶段的山鸡应保证氨基酸的平衡。任何一种必需氨基酸

的缺乏都会影响体内蛋白质的合成，使机体生长和生产受到抑制。山鸡对蛋白质的需求因其所处的生理和生产阶段以及生活环境不同而不同，一般情况下，育雏期和产蛋期的蛋白质需求量较高，而育成期可适当降低蛋白质水平。蛋白质不足会影响山鸡生长发育，影响生产性能，致使山鸡开产期延迟，产蛋率下降，蛋重减轻，蛋品质变差，产蛋停止，甚至出现死亡。山鸡日粮常规的蛋白质原料主要是豆粕和鱼粉，人工合成的商品氨基酸在生产中也有广泛应用。

（四）脂肪

脂肪是山鸡体细胞和蛋的重要组成原料，肌肉、皮肤、内脏和血液等一切机体组织中均含有脂肪。脂肪产热量为等量碳水化合物或蛋白质的 2.25 倍，因此，它不仅是提供能量的原料，也是山鸡体内贮存能量的最佳形式。山鸡将剩余的脂肪和碳水化合物转化为体脂肪，贮存于皮下、肌肉、肠系膜间和肾的周围，能起到保护内脏器官、防止体热散发的作用。脂肪还是脂溶性维生素的溶剂，维生素 A、维生素 D、维生素 E、维生素 K 都必须溶解于脂肪中，才能被山鸡吸收利用。当日粮中脂肪不足时，会影响脂溶性维生素的吸收，导致山鸡生长迟缓，性成熟推迟，产蛋率下降。

一般饲料中都有一定数量的粗脂肪，而且碳水化合物也有一部分在体内转化为脂肪，因此一般不会缺乏脂肪，但山鸡育雏期能量需求较高，有的养殖场和饲料场在育雏期饲料中会额外添加油脂，以提高能量水平。

（五）矿物质

动物体内不能合成矿物质，必须由日粮提供。矿物质在体内主要存在于骨骼等组织和器官中，山鸡蛋中的矿物质主要存在于蛋壳中。矿物质在体内主要起调节渗透压、保持酸碱平衡和激活酶系统等作用，同时又是骨骼、血红蛋白、甲状腺激素等的重要组成成分。矿物质是保证中国山鸡健康和生产必需的物质。

还有一些矿物质主要参与激素、维生素、酶和辅酶等物质代谢，微量元素如铁、锰、铜、锌、碘、硒等在维持正常生理作用方面也起着非常重要的作用。目前，矿物质元素多以添加剂的形式补充到饲料中。

1. 钙和磷　钙是形成骨骼和蛋壳的主要成分，血清、淋巴液及软组织中均含有大量的钙元素。磷可以促进骨骼形成，在碳水化合物和脂肪代谢中起着重要作用，并参与所有活细胞重要成分的组成和维持机体的酸碱平衡。机体中的磷元素几乎参与所有有机物质的合成和降解代谢，在能量的贮存、释放和转换中起着重要作用。日粮中缺乏钙和磷，雏山鸡会表现为软骨症，喙和胫骨发软，产蛋山鸡会因骨质疏松而引起瘫痪，产软壳蛋、薄壳蛋、破壳蛋的比例提高，孵化率下降等。维生素 D_3 是钙吸收所必需的营养物质，否则即使日粮中钙、磷充足，也易产生钙、磷缺乏症，并且应保持适宜的钙、磷比例。

2. 氯和钠　常以食盐的形式供给。氯化钠具有维持山鸡体内渗透压和酸碱平衡、促进食欲等作用。钠多存在于细胞外的体液中，对心脏活动起调节作用。缺钠时，心肌的收缩和舒张停止，生长停滞，产蛋下降。缺氯时，食欲下降，生长迟缓，在玉米-豆粕日粮中钠和氯易出现不足，因此应在日粮中添加0.3％的食盐进行补充。

3. 铁　参与山鸡血红蛋白的形成，是各种氧化酶的组分，与血液中氧的运输和细胞生成的氧化过程有关。山鸡缺铁会出现营养性贫血，羽毛色素形成不良等；铁过量时，会影响磷的吸收，导致采食量减少，体重下降。谷实类、豆类、鱼粉等饲料中铁含量丰富，一般可以满足机体需要。

4. 铜　是酪氨酸酶的组成成分，参与多种酶的活动，有利于铁的吸收和血红蛋白的形成。缺铜时，中国山鸡表现贫血、骨质疏松和生长发育不良，肠胃机能障碍。一般饲料中铜不易缺乏。

5. 锌　是多种酶的组分或是参与系统作用的必需因子，有助于锰、铜的吸收，与骨骼、羽毛的生长发育有关。锌缺乏时，雏鸡采食量减少，生长迟缓，羽毛生长不良，种山鸡产蛋率降低，蛋壳变薄，甚至产软壳蛋，孵化率降低，死胚增加，胚胎羽毛和骨骼发育受阻。动物性饲料、饼粕、糠麸含锌量较丰富。一般日粮中较易缺锌，而山鸡对锌的需要量较高，可通过补充含锌化合物（如硫酸锌、氧化锌）增加山鸡对锌的摄入量。

6. 锰　动物机体组织中都含有锰，它是多种酶的激活剂，与碳水化合物、蛋白质和脂肪代谢都有密切关系，是山鸡生长、繁殖和防止脱腱症发生所必需的微量元素。缺乏时，山鸡骨骼发育不良，腿骨粗短、畸形，关节肿大，易发生脱腱症。苜蓿、糠麸、豆类、胚芽中含锰较多，但日粮中常缺乏，可添加硫酸锰等作为补充。

7. 硒　与维生素 E 相互协调，具有类似的抗氧化作用，是谷胱甘肽过氧化物酶的重要组成成分，是谷氨酸转化为半胱氨酸所必需的元素，能保护胰腺

的健全和正常机能，并有防治肌肉萎缩与渗出性疾病，以及提高种蛋受精率和孵化率等作用。硒是容易缺乏的微量元素之一，缺乏硒时，山鸡会表现出血管通透性差、心肌损伤、心包积水和心脏扩大等问题。

8. 钴　是维生素 B_{12}的重要原料。缺钴时，不仅会影响山鸡肠道内微生物对维生素 B_{12}的合成，还会引起山鸡生长迟缓和恶性贫血，容易发生骨短粗症。

（六）维生素

维生素的功能是调节动物机体新陈代谢过程，它与酶的活性有密切关系。山鸡体内不能合成维生素，必须通过食物摄取。虽然山鸡对维生素的需求量极少，但维生素对各种生命活动均有重大影响。缺少任何一种维生素都会引起代谢紊乱，生长迟缓，生产力下降，抗病力减弱。维生素根据其溶解特性分为脂溶性维生素和水溶性维生素，脂溶性维生素在体内有一定贮存，但不稳定；水溶性维生素在体内不能贮存，需由饲料来供给。

1. 脂溶性维生素　包括维生素 A、维生素 D、维生素 E 和维生素 K。

（1）维生素 A　是保持上皮细胞健康和正常生理功能所必需的营养物质，尤其对保持眼、呼吸、消化、生殖和泌尿系统黏膜的健康有重要作用。需要在饲料中添加合成的维生素 A。缺乏维生素 A 时，雏鸡会表现生长不良、消瘦、步态蹒跚、羽毛蓬乱、眼睑角质化，眼睛有干酪样渗出液，鼻腔中有黏性排泄物，孵化率下降等。维生素 A 源有苜蓿叶粉、玉米粉、肝粉和合成维生素 A。

（2）维生素 D　与钙、磷的代谢有关，是骨骼钙化和蛋壳形成所必需的营养物质。维生素 D，尤其是维生素 D_2 和维生素 D_3，对山鸡各生理阶段都非常重要。日粮中缺乏维生素 D，易导致山鸡骨组织的形成受阻，雏山鸡出现软骨症及腿骨弯曲，种山鸡产薄壳、软壳或畸形蛋，产蛋率下降，种蛋孵化率下降。鱼肝油和维生素 D 剂是维生素 D 的主要来源。

（3）维生素 E　可以促进性腺发育和生殖功能，并有助于肌肉正常代谢。维生素 E 是一种有效的体内抗氧化剂，对山鸡的消化道及机体组织中的维生素 A 有保护作用，且与硒的代谢和作用有关，所以维生素 E 能保持种山鸡正常的生殖功能，提高产蛋率、种蛋受精率和孵化率，同时也能促进雏山鸡的生长并增强其生活能力。当缺乏维生素 E 时，雏山鸡生长速度变慢，肌肉萎缩，可能引起细胞组织软化、渗出性疾病以及肌肉营养不良；山鸡公鸡睾丸退化，配种能力下降；种山鸡产蛋率、受精率明显下降，种蛋孵化率降低或丧失，胚胎死亡数增加。维生素 E 在蛋黄、植物油和谷物籽实胚芽中含量丰富。

（4）维生素 K　可以催化肝脏中凝血酶原及凝血活素的合成，参与凝血作用，促进伤口血流迅速凝固，防止流血过多。日粮中缺乏维生素 K 时，山鸡易患出血病，凝血时间延长，导致大量流血，引起贫血症。维生素 K 有 4 种，其中维生素 K_1 在青饲料、苜蓿粉、大豆、肉骨粉、鱼粉和动物肝脏中含量丰富；维生素 K_2 可在肠道内由细菌等合成；维生素 K_3 和维生素 K_4 为人工合成产品，作为补充添加剂使用。

2. 水溶性维生素　包括维生素 C、维生素 B_1、维生素 B_2、泛酸、烟酸、吡哆醇、叶酸、生物素、胆碱和维生素 B_{12} 等。

（1）维生素 C　又称抗坏血酸，与细胞间质骨骼的形成和保持有关，并促进蛋壳形成，参与机体一系列代谢过程，具有抗氧化作用，也具有解毒作用和增强机体免疫力的作用。肝脏或肾脏中利用单糖可以合成维生素 C。缺乏维生素 C，易导致山鸡发生坏血病，生长停滞，体重减轻，关节变软，贫血和身体各部位出血等现象。在夏季高温或运输等应激因素下，机体合成维生素的能力降低，此时需补充维生素 C，以提高山鸡抗应激能力。高温环境会破坏蛋壳上胶原基质的形成，由于碳酸钙沉积在胶原基质上，因此，在热应激条件下，补充维生素 C 能提高存活率、产蛋率和蛋壳厚度。维生素 C 常作为抗应激剂，缓解应激反应。正常饲养条件下，一般不会发生维生素 C 缺乏症。

（2）维生素 B_1　又称硫胺素，具有抗多发性神经炎、脚气病、便秘、肠胃功能障碍等作用，可以控制碳水化合物的代谢，维持神经组织及心脏的正常功能，维持肠蠕动和消化道内脂肪吸收。缺乏维生素 B_1，易导致山鸡正常神经机能受到影响，出现生长不良、食欲减退、消化不良、痉挛，严重时出现瘫痪、倒地不起、贫血下痢和皮炎等症状；雏山鸡发生多发性神经炎。维生素 B_1 主要来源于禾谷类加工副产品、谷类和 B 族维生素含量丰富的优质干草、维生素 B_1 制剂等。

（3）维生素 B_2　又称核黄素，是体内黄酶类的重要组分，对体内氧化还原和调节细胞呼吸起重要作用，可促进生长、生殖与呼吸。缺乏维生素 B_2，易导致山鸡生长缓慢、食欲减退、腿部瘫痪、产蛋减少、孵化率降低，雏鸡生长受阻、死亡率较高。维生素 B_2 在青饲料、干草粉、酵母、鱼粉、糠麸、小麦中含量较丰富，但易受紫外线和热的破坏，在不饲喂青饲料的情况下，日粮中必须添加。

(4) 泛酸　是辅酶A的组成部分，与糖、脂肪和蛋白质代谢有关。缺乏泛酸，易导致山鸡发生生长缓慢，羽毛粗乱，皮下出血、水肿，皮肤炎，嘴角及眼睑周围结痂，种山鸡产蛋率和孵化率降低，胚胎在孵化后期死亡等。泛酸与维生素 B_2 的利用有关，当一种缺乏时，另一种需要量则相应增加。泛酸在青饲料、糠麸、花生饼、大豆饼、小麦、苜蓿、干草和谷实中含量较多，谷实副产品中含有一定数量，但玉米饲料中含量较少。

(5) 烟酸　又称尼克酸或维生素PP，对碳水化合物、脂类和蛋白质代谢以及羽毛生长有重要促进作用。缺乏烟酸时，山鸡踝关节肿大，腿弯曲，舌和口腔发炎，腹泻，羽毛稀少；种山鸡产蛋量和孵化率下降，胚胎死亡，出壳困难，弱雏增多。烟酸广泛存在于青绿饲料、谷实及其加工副产品、花生饼和酵母中。动物性饲料也是烟酸的良好来源。

(6) 胆碱　是卵磷脂和鞘磷脂的组成成分，在机体内为合成蛋氨酸等提供需要的甲基，也可以调节脂肪代谢。胆碱与传递神经冲动和肝脏中脂肪转运有关，为雏山鸡生长所必需。山鸡对胆碱的需求量比其他维生素多，缺乏时，山鸡易患脂肪肝症和滑腱症；雏山鸡生长受阻，关节周围肿大并有点状出血；种山鸡产蛋减少，脂肪代谢发生障碍，易出现脂肪肝。胆碱主要来源于动物性蛋白质饲料、大豆粉、氯化胆碱制剂。

(7) 维生素 B_6　又称吡哆醇，是蛋白质和氮代谢中的一种辅酶成分。缺乏时，山鸡生长停滞，肌肉动作不协调、抽搐、皮肤发炎、羽毛粗糙；种山鸡产蛋减少、种蛋孵化率下降。在糠麸、苜蓿、青干草粉、胚芽、谷类及其副产品和酵母中均含有丰富的维生素 B_6，实际生产中极少出现维生素 B_6 缺乏症状。

(8) 生物素　是抗蛋白毒性因子，参与脂肪与蛋白质代谢，促进不饱和脂肪酸的合成。缺乏生物素时，山鸡会出现口角皮肤发炎，趾结痂，脚底变粗糙，并出现裂纹和出血，趾部坏死和脱落；种山鸡孵化率降低。酵母、花生和大多数绿色植物中均含有丰富的生物素。

(9) 叶酸　参与蛋白质和核酸代谢。叶酸与维生素C、维生素 B_{12} 共同促进红细胞、血红蛋白和抗体生成。缺乏叶酸会引起山鸡生长迟缓，羽毛生长不良，骨短粗，贫血，孵化率降低，胚胎死亡明显增加。叶酸广泛分布于高蛋白饲料中，豆饼和玉米中都含有，可以满足山鸡对叶酸的需要。

(10) 维生素 B_{12}　与叶酸互相联系，参与甲基合成及代谢，有助于提高造血机能和日粮中蛋白质的利用，促进胆碱的生成。缺乏维生素 B_{12} 时，雏山鸡生长迟缓，饲料利用率下降，死亡率增加，孵化率降低。维生素 B_{12} 在动植物体内不能合成，只有通过微生物而合成，动物组织能贮存维生素 B_{12}，因此，动物性饲料是维生素 B_{12} 的良好来源。

二、饲养标准

目前，我国山鸡的饲养标准多采用美国 NRC－NAS（1994）推荐的营养需要量（表 5－1）。由于山鸡饲养方式和用途不同，饲养标准也有一定差异，中国农业科学院特产研究所经过多年生产实践研究制定了我国山鸡各阶段饲养标准（表 5－2），上海欣灏珍禽育种有限公司制定了肉用山鸡和笼养蛋用山鸡的饲养标准（表 5－3 和表 5－4）。近年来，随着山鸡生产性能的不断提高，以及山鸡的生产方式逐渐规模化，饲养标准也需要作出适当的调整。

表 5－1 美国 NRC（1994）**山鸡饲养标准**（90%干物质）

营养指标	1～4 周龄	5～8 周龄	9～17 周龄	成年种山鸡
代谢能（MJ/kg）	11.72	11.30	11.72	11.72
粗蛋白质（%）	28	24	18	15
甘氨酸＋丝氨酸（%）	1.8	1.55	1.0	0.5
亚油酸（%）	1.0	1.0	1.0	1.0
赖氨酸（%）	1.5	1.4	0.80	0.68
蛋氨酸（%）	0.5	0.47	0.30	0.30
蛋氨酸＋胱氨酸（%）	1.0	0.93	0.60	0.60
钙（%）	1.0	0.85	0.53	2.5
氯（%）	0.11	0.11	0.11	0.11
磷（%）	0.55	0.50	0.45	0.40
钠（%）	0.15	0.15	0.15	0.15
锰（mg/kg）	70	70	60	60
锌（mg/kg）	60	60	60	60
胆碱（mg/kg）	1 430	1 300	1 000	1 000
烟酸（mg/kg）	70	70	40	30
泛酸（mg/kg）	10	10	10	16
核黄素（mg/kg）	3.4	3.4	3.0	4.0

表 5-2　我国山鸡各阶段饲养标准参考

营养指标	0～4 周龄	5～10 周龄	11～18 周龄	种山鸡休产期或后备种山鸡	种山鸡产蛋期
代谢能（MJ/kg）	12.13～12.55	12.55	12.55	12.13～12.55	12.13
粗蛋白质（%）	26～27	22	16	17	22
赖氨酸（%）	1.45	1.05	0.75	0.80	0.80
蛋氨酸（%）	0.60	0.50	0.30	0.35	0.35
蛋氨酸+胱氨酸（%）	10.05	0.90	0.72	0.65	0.65
亚油酸（%）	1.0	1.0	1.0	1.0	1.0
钙（%）	1.3	1.0	1.0	1.0	2.5
磷（%）	0.90	0.70	0.70	0.70	1.0
钠（%）	0.15	0.15	0.15	0.15	0.15
氯（%）	0.11	0.11	0.11	0.11	0.11
碘（%）	0.30	0.30	0.30	0.30	0.30
锌（mg/kg）	62	62	62	62	62
锰（mg/kg）	95	95	95	70	70
维生素 A（IU/kg）	15 000	8 000	8 000	8 000	20 000
维生素 D（IU/kg）	2 200	2 200	2 200	2 200	4 400
维生素 B（mg/kg）	3.5	3.5	3.0	4.0	4.0
烟酸（mg/kg）	60	60	60	60	60
泛酸（mg/kg）	10	1	10	10	16
胆碱（mg/kg）	1 500	1 000	1 000	1 000	1 000

表 5-3　肉用山鸡营养需要推荐量

营养指标	饲养阶段		
	0～4 周龄	5～10 周龄	11 周龄以上
代谢能（MJ/kg）	2.9	3	3.1
粗蛋白质（%）	25.0	21.0	18.0
钙（%）	1.00	0.90	0.80
总　磷（%）	0.68	0.65	0.60
有效磷（%）	0.45	0.40	0.35
食　盐（%）	0.32	0.32	0.32

（续）

营养指标	饲养阶段		
	0～4周龄	5～10周龄	11周龄以上
蛋氨酸（%）	0.55	0.44	0.38
赖氨酸（%）	1.25	1.08	0.96
蛋氨酸＋胱氨酸（%）	1.01	0.80	0.73
色氨酸（%）	0.21	0.20	0.18
精氨酸（%）	1.42	1.22	1.13
亮氨酸（%）	1.37	1.20	1.05
异亮氨酸（%）	0.90	0.81	0.70
苯丙氨酸（%）	0.82	0.72	0.63
苯丙氨酸＋酪氨酸（%）	1.52	1.35	1.13
苏氨酸（%）	0.90	0.82	0.77
缬氨酸（%）	1.02	0.91	0.79
组氨酸（%）	0.39	0.35	0.30
甘氨酸＋丝氨酸（%）	1.42	1.26	1.09
维生素A（IU/kg）	5 000	5 000	5 000
维生素D_3（IU/kg）	1 000	1 000	1 000
维生素E（mg/kg）	10.0	10.0	10.0
维生素K_3（mg/kg）	0.5	0.5	0.5
维生素B_1（mg/kg）	1.8	1.8	1.8
维生素B_2（mg/kg）	3.6	3.6	3.0
泛酸（mg/kg）	10.0	10.0	10.0
烟酸（mg/kg）	35.0	30.0	25.0
维生素B_6（mg/kg）	3.5	3.5	3.0
生物素（mg/kg）	0.15	0.15	0.15
胆碱（mg/kg）	1 000	750	500
叶酸（mg/kg）	0.55	0.55	0.55
维生素B_{12}（mg/kg）	0.01	0.01	0.01
铜（mg/kg）	8.0	8.0	8.0
铁（mg/kg）	80.0	80.0	80.0
锌（mg/kg）	60.0	60.0	60.0
锰（mg/kg）	80.0	80.0	80.0
碘（mg/kg）	0.35	0.35	0.35
硒（mg/kg）	0.15	0.15	0.15

表 5-4 笼养蛋用山鸡营养需要推荐量

营养指标	饲养阶段			
	0～6 周龄	7～18 周龄	19 周龄至开产	产蛋期
代谢能（MJ/kg）	2.9	2.8	2.75	2.75
粗蛋白质（%）	25.0	16.0	16.5	18.0
钙（%）	0.90	0.90	1.80	3.50
总　磷（%）	0.65	0.61	0.63	0.70
有效磷（%）	0.40	0.36	0.38	0.45
食　盐（%）	0.35	0.35	0.35	0.35
蛋氨酸（%）	0.74	0.35	0.58	0.57
赖氨酸（%）	1.76	0.91	0.77	1.14
蛋氨酸+胱氨酸（%）	1.35	0.74	0.76	1.14
色氨酸（%）	0.35	0.19	0.19	0.24
精氨酸（%）	1.93	1.06	0.99	1.35
亮氨酸（%）	1.84	0.90	0.91	1.22
异亮氨酸（%）	1.17	0.67	0.61	0.85
苯丙氨酸（%）	1.00	0.58	0.55	0.73
苯丙氨酸+酪氨酸（%）	1.68	0.98	0.90	1.20
苏氨酸（%）	1.13	0.63	0.60	0.80
缬氨酸（%）	1.17	0.63	0.63	1.00
组氨酸（%）	0.55	0.29	0.27	0.37
甘氨酸+丝氨酸（%）	1.50	0.84	0.82	1.11
维生素 A（IU/kg）	7 200	5 400	7 200	10 800
维生素 D（IU/kg）	1 440	1 080	1 620	2 160
维生素 E（mg/kg）	18.0	9.0	9.0	27.0
维生素 K_3（mg/kg）	1.4	1.4	1.4	1.4
维生素 B_1（mg/kg）	1.6	1.4	1.4	1.8
维生素 B_2（mg/kg）	7.0	5.0	5.0	8.0
泛酸（mg/kg）	11.0	9.0	9.0	11.0
烟酸（mg/kg）	27.0	18.0	18.0	32.0
维生素 B_6（mg/kg）	2.7	2.7	2.7	4.1
生物素（mg/kg）	0.14	0.09	0.09	0.18
胆碱（mg/kg）	1 170	810	450	450

（续）

营养指标	饲养阶段			
	0～6周龄	7～18周龄	19周龄至开产	产蛋期
叶酸（mg/kg）	0.90	0.45	0.45	1.08
维生素 B_{12}（mg/kg）	0.009	0.005	0.007	0.010
铜（mg/kg）	5.40	5.40	7.00	7.00
铁（mg/kg）	54.00	54.00	72.00	72.00
锌（mg/kg）	54.00	54.00	72.00	72.00
锰（mg/kg）	72.00	72.00	90.00	90.00
碘（mg/kg）	0.60	0.60	0.90	0.90
硒（mg/kg）	0.27	0.27	0.27	0.27

第四节　常用饲料与日粮

一、能量饲料

能量饲料是山鸡日粮中用量最多的部分，主要包括玉米、高粱、小麦、大麦、稻谷、糙米和糠麸等。

1. 玉米　是能量饲料中用量最多、应用范围最广的一种饲料。玉米有效能含量高、消化率高是其突出特点。玉米籽实由胚、胚乳、皮部和尖端4部分组成。玉米中胚占12%，胚乳占82%，皮部占5%，尖端占1%。玉米籽粒中淀粉约占70%，主要贮藏于胚乳中，而胚中脂肪和灰分的含量丰富。玉米的营养特点是有效能含量高，含代谢能13.56 MJ/kg，适口性好；粗蛋白质含量低，为7%～9%；脂肪含量高，为3.5%～4.5%；必需脂肪酸含量高；无氮浸出物含量高，一般可达70%；维生素E含量高。黄色玉米中胡萝卜素、叶黄素和玉米黄质含量较高，色素主要存在于玉米胚乳中；80%矿物质存在于胚芽中，其钙、磷含量低，且钙、磷比例不平衡，其他矿物质含量也较低。

玉米的品质不仅受贮藏期和贮藏条件的影响，而且受产地、上市季节及品种的制约。贮藏玉米时，水分的含量必须严格控制在14%以下，以防霉变。玉米含抗烟酸因子（烟酸原或抗烟酸结合物），易引起山鸡皮炎，所以山鸡配合饲料中玉米用量过大时，应相应加大烟酸添加量。玉米粗蛋白质含量低，赖氨酸、蛋氨酸、色氨酸、胱氨酸等必需氨基酸缺乏，因此在日粮配合时，应注

意和优质蛋白质饲料搭配。因玉米中不饱和脂肪酸含量高，粉碎后会失去自然保护力，所以在饲料配制中应注意玉米的氧化酸败。

2. 高粱　我国是高粱主要生产国之一。高粱用作饲料时可替代玉米，用量可根据二者差价和高粱中单宁含量来确定。高粱颜色依品种不同而有褐、黄、白色的外皮，但内部淀粉均呈白色，故粉碎后颜色变淡。粉碎后略带甜味，但不可有发酸、发霉现象。高粱的营养特点是粗蛋白质含量略高于玉米，但消化率低，赖氨酸、蛋氨酸和组氨酸等必需氨基酸含量较低。淀粉含量与玉米相近，约70%，但消化率和有效能较低。脂肪含量低于玉米，饱和脂肪酸多。矿物质中磷、镁和钾含量较多，而钙含量较少，其中磷约占70%，主要为植酸磷，利用率低；高粱籽粒中含有单宁，有涩味，且在肠道中有收敛作用，易引起便秘。

3. 小麦　因小麦是人类生活中最重要的粮食作物之一，一般不作为禽类饲料，只有当小麦价格大大低于玉米价格时，才用小麦代替部分玉米。与玉米的营养特点相比，小麦的粗蛋白质含量较高，为12%～14%；赖氨酸含量略高于玉米；小麦的有效能稍低于玉米，主要是其粗脂肪含量低，为1.8%，其中亚油酸仅为0.8%；矿物质中，钙含量较少，但磷含量较多，比例不平衡，其中磷约70%为植酸磷形式，利用率低；小麦中胡萝卜素、B族维生素和维生素E比较丰富。

4. 大麦　营养特点是蛋白质含量高于玉米，氨基酸中除亮氨酸及蛋氨酸外含量均比玉米高，但利用率比玉米低，大麦含赖氨酸约为0.4%，可消化赖氨酸总量仍高于玉米；粗纤维含量为玉米的2倍，淀粉及糖分比玉米少，所以能量含量低，代谢能为玉米的89%；B族维生素含量丰富，但脂溶性维生素A、维生素D、维生素K含量较低，少量维生素E存在于大麦胚芽中；磷含量比玉米高，其中63%为植酸磷，比玉米中磷的利用率好。大麦的饲养效果明显低于玉米，会因热能不足而增加采食量及排泄物。产蛋山鸡饲喂部分大麦，对产蛋影响不大，但其料蛋比会变高。大麦因不含色素，对蛋黄及肉山鸡皮肤无着色功能。

5. 小麦麸　俗称麸皮，营养特点是粗纤维含量较高（8.5%～12%），无氮浸出物相对较低，所以其有效能值较低，代谢能为7.10～7.94 MJ/kg。麸皮中含有丰富的维生素，其中维生素E、维生素B_1、烟酸和胆碱较多，但缺乏维生素A、维生素D；矿物质元素中，钙含量为0.1%～0.2%，磷含量为

0.9%～1.3%，钙磷比例为1：8，磷主要为植酸磷、利用率低，微量元素铁、锌、锰含量丰富；麸皮容积大，容重小。麸皮作为能量饲料，其营养价值相当于玉米的65%。麸皮具有轻泻作用，有助于动物胃肠蠕动，保持消化道健康，但饲喂过量会造成腹泻。

二、蛋白质饲料

蛋白质饲料是指饲料干物质粗纤维含量小于18%，粗蛋白质含量大于或等于20%的饲料，包括植物性蛋白质饲料和动物性蛋白质饲料。

1. 植物性蛋白质饲料

（1）大豆饼粕　是植物饼粕类饲料中品质最好的一种。无论是代谢能，还是蛋白质和氨基酸含量都比较高。目前大豆饼粕是饲料上用量最多的蛋白质饲料。大豆饼粕的营养特点是粗蛋白质含量高，为40%～46%，品质好，其中赖氨酸含量最高，但蛋氨酸相对缺乏；无氮浸出物相对较低，淀粉含量较少，粗纤维含量也较低；矿物质元素中，钙少磷多，约为1：2，比例不平衡；B族维生素含量较高。大豆饼粕氨基酸配比较好，是非常好的蛋白质来源，具有适口性好、消化率高等特点，在山鸡任何阶段均可使用，且无用量限制。

（2）花生饼粕　花生去外壳后，经过提油处理后的副产品称为花生饼粕，其饲用价值仅次于大豆饼粕。花生饼粕的营养特点是粗蛋白质含量比大豆饼粕高3%～5%，但所含蛋白质以不溶于水的球蛋白为主（占65%），白蛋白仅占7%，且氨基酸组成较差，其中赖氨酸和蛋氨酸含量均较低，而精氨酸含量可达5%，赖氨酸与精氨酸比例达1：3.80以上，使赖氨酸利用率下降，所以其蛋白质品质较差；花生饼粕代谢能高于大豆饼粕，为11～12 MJ/kg，矿物质元素中，钙少磷多，比例不平衡；除维生素A、维生素D、维生素C外，其他维生素含量丰富。当花生饼粕贮存不当时，易滋生黄曲霉菌，如饲喂此饲料，容易造成山鸡中毒。花生饼粕由于精氨酸含量过多，利用时应注意与精氨酸含量低的蛋白质饲料搭配使用。使用时需注意检测黄曲霉毒素的含量是否超过限量，以免发生不良后果。

（3）棉籽饼粕　是棉籽提取油后的副产品，也是可利用的蛋白质资源，但由于含游离棉酚毒素，在利用上受到一定限制。棉籽饼粕的营养特点是粗蛋白质含量较高，为39%～43%，蛋白质品质较差，其中赖氨酸含量低而精氨酸含量高，其比例为1：2.70，超过了赖氨酸与精氨酸的理想比例1：1.20，因

而二者之间产生拮抗作用，使赖氨酸利用率降低；粗纤维含量较高，为9%～14%，随饼粕含壳量而异；棉籽饼的粗脂肪含量高于棉籽粕。棉籽饼粕含有抗营养因子，最主要是游离棉酚，还有环丙烯脂肪酸、单宁和植酸等，对于产蛋山鸡，棉酚可与蛋黄中 Fe^{2+} 结合，形成复合物，使蛋黄色泽偏白。经贮藏一段时间后，蛋黄变成黄绿色或暗红色，有的出现斑点。棉籽饼粕使用时需进行脱毒处理，脱毒方法包括化学处理法、膨化脱毒和固态发酵脱毒等。棉籽饼粕必须限量使用，对于脱毒的棉籽饼粕，产蛋期日粮中的用量应控制在5%以内，育雏育成期在8%以内。同时在添加棉籽饼粕的日粮中，应增加硫酸铁添加量。

2. 动物性蛋白质饲料　主要来自水产品、肉类、乳和蛋品加工的副产品。动物性蛋白质饲料的突出特点是粗蛋白质含量高且品质好，氨基酸平衡；不含粗纤维，无氮浸出物含量低；钙磷含量丰富，比例适当，并且磷元素为易被山鸡吸收利用的有效磷，富含微量元素；维生素含量丰富，但不同饲料间会有一定差别；脂肪含量较高，代谢能较高。

（1）鱼粉　营养特点是粗蛋白质含量高，一般为50%～67%，消化率高，氨基酸含量高，并且配比较均衡，品质好；脂肪含量高，为5%～12%，一般为8%左右；鱼粉粗灰分含量高，其中钙5%～7%、磷2.5%～3.5%，磷的利用率较高；维生素含量较丰富；含有未知促生长因子（UGF），可促进生长。鱼粉作为山鸡的蛋白质补充饲料，饲喂效果较好，可以产生较高的经济效益。除可以补充营养和提高生产力外，还具有减少山鸡消化道不良微生物的作用，可降低产蛋山鸡脂肪肝和出血症发生。因鱼粉含较高的脂肪，贮存过久易发生氧化酸败，影响适口性，且可能会引起下痢。

（2）肉骨粉　是屠宰厂或肉品加工厂的副产品，如动物碎肉、内脏、残骨、皮、脂肪等，经过灭菌、去油、烘干、粉碎而得到的混合物，产品中不应含有毛发、蹄角、皮革、内脏内容物和排泄物等。肉骨粉的营养特点是粗蛋白质含量40%～60%，氨基酸含量差异较大，尤其角质及结缔组织含量多的产品，所含必需氨基酸较低，蛋氨酸及色氨酸含量均不足，赖氨酸含量与豆粕相当；肉骨粉是较好的钙、磷来源，钙为5.3%～9.2%，磷为2.5%～4.7%；含维生素 B_{12}、烟酸、胆碱较多，但维生素A和维生素D含量较少。肉骨粉可作为山鸡饲料的蛋白质及钙、磷来源，但饲喂价值比鱼粉低，甚至比大豆饼粕低，因其品质稳定性差，用量也应该加以限制，添加量以6%以下为宜，并补充所缺乏的氨基酸及注意钙、磷平衡问题。品质明显较低的肉骨粉，不要使用。

三、矿物质饲料

各种动植物饲料中均含有一定量的必需矿物质元素，但随着集约化、工厂化养殖业的发展，单靠动植物饲料为主配制的日粮，已满足不了山鸡对矿物质元素的需要，尤其是需求量较高的高产山鸡。因此，需在山鸡日粮中补充一定的矿物质饲料才能满足山鸡的营养需要。生产中常用的有石粉、贝壳粉、蛋壳粉和轻质碳酸钙粉。

1. 石粉　主要是指石灰粉，是天然优质石灰石粉碎而获得的，为天然碳酸钙，含钙量为 34%～39%，是单一补钙来源最广、价格较低和利用率较高的矿物质元素来源。

2. 贝壳粉　为各类贝类外壳（牡蛎壳、蚌壳、蛤蜊壳等）经过粉碎加工而成的粉状或颗粒状产品，一般含钙不低于 33%，主要成分为碳酸钙。贝壳内部残留少量的有机物，因为贝壳粉含有少量的粗蛋白质及磷，制作饲料配方时，少量的蛋白质和磷通常不计。将贝壳粉添加到产蛋鸡和种山鸡的饲料中，会提高蛋壳质量，增加蛋壳强度，减少破蛋、软壳蛋。实践证明，饲喂贝壳粉的产蛋山鸡蛋壳质量高于饲喂石粉的山鸡。

3. 骨粉　是以动物的骨骼加工而成。骨粉含氟量低，使用前需要进行彻底杀菌消毒。骨粉饲料中钙含量多，磷含量少，比例平衡，是同时补充钙和磷的主要矿物质饲料。

4. 磷酸盐　目前在饲料加工和使用过程中，最常用的磷酸盐是磷酸氢钙、过磷酸钙、磷酸钙和脱氟磷酸钙。

5. 氯化钠　通常在日粮中添加食盐，食盐中含钠 40%，含氯 60%。食盐也可增进食欲、促进消化。山鸡日粮中食盐添加不宜过多，否则会造成山鸡饮水量增加，粪便稀软，重则导致食盐中毒。在生产中应根据山鸡种类、生产力、季节、水质和饲料原料（如鱼粉）中食盐含量等的不同，来确定食盐在日粮中的添加量。

6. 碳酸氢钠　食盐中钠少氯多，尤其对产蛋山鸡，可能造成钠供给不足等现象，所以需要额外补充钠元素。小苏打除提供钠离子外，还是很好的缓冲剂和电解质，可缓解热应激，改善蛋壳强度，提高蛋品质。但应注意添加碳酸

氢钠的同时，适当降低食盐的供给量。

四、饲料添加剂

饲料添加剂是指配合饲料中除常规饲料成分外添加的各种微量成分的总称，具有完善饲料营养、提高饲料利用率、促进动物生长、防治疾病、减缓应激或其他特定功效等作用。饲料添加剂可以分为营养性添加剂和非营养性添加剂两大类。

1. 营养性添加剂　是用量大而普遍使用的添加剂，主要用来补充或平衡日粮营养，由于密闭式鸡舍使山鸡见不到阳光，离地饲养方式使中国山鸡接触不到土壤，高密度机械化饲养管理使山鸡得不到充足的青绿饲料，而生产水平的不断提高又使山鸡对养分的全价性和平衡性要求更高，常规饲料已远远不能满足山鸡现代生产方式和生产水平的需要，必须由各种营养性添加剂补充才可满足。营养性添加剂主要包括氨基酸添加剂、微量元素添加剂和维生素添加剂 3 类。

（1）氨基酸添加剂　在山鸡生产中，满足各种氨基酸的需要比单纯追求较高的蛋白质含量更有明显的实际意义。常用的主要有人工合成的蛋氨酸与赖氨酸添加剂。

（2）微量元素添加剂　在规模化山鸡生产中，微量元素也是必不可少的。常用的有各种微量元素齐全的专用成品添加剂，也有只含一种元素的无机盐类。

（3）维生素添加剂　是指工业合成或提纯的单一种维生素或复合维生素添加剂。根据饲养标准规定或产品说明量添加即可。具体还应考虑饲养方式特点、环境条件与日粮组成、山鸡的生长速度或种山鸡的产蛋水平等，从而进行适当调整。维生素在常温及自然光照条件下容易氧化变质，效价降低。维生素添加剂必须在低温、暗光、干燥的环境中密闭保存。启封后，要尽量在短期内使用完。

2. 非营养性添加剂　是指除营养性添加剂以外的各种具有特定功能的添加剂，包括促生长添加剂、药物添加剂、抗氧化剂、防霉剂（防腐剂）、着色剂、抗应激添加剂等。促生长添加剂具有促进生长的作用，常用的促生长添加剂有抗生素和某些中草药等。抗氧化剂是为了防止饲料中脂肪与脂溶性维生素的氧化变质。防霉剂是为了防止饲料在贮存过程中发霉、腐败变质。

常用饲料营养物质含量见表 5－5 至表 5－8。

表 5-5　中国山鸡常用饲料中的营养物质含量

饲料名称	代谢能(MJ/kg)	粗蛋白质(%)	蛋氨酸(%)	胱氨酸(%)	赖氨酸(%)	精氨酸(%)	苏氨酸(%)	异亮氨酸(%)	色氨酸(%)
黄玉米	14.06	8.5	0.17	0.13	0.24	0.50	0.32	0.35	0.07
杂交高粱	12.55	7.5	0.12	0.23	0.27	0.40	0.28	0.40	0.08
大麦粉	12.13	14.5	0.17	0.19	0.43	0.73	0.49	0.54	0.15
甘薯粉	11.72	0.1	0.08	0.17	0.19	0.10	0.12	0.05	—
木薯粉	11.72	3.0	0.03	0.03	0.10	0.10	0.08	0.09	0.03
稻谷粉	7.95	7.0	0.11	0.11	0.30	0.60	0.30	0.27	0.10
糙米	11.17	7.3	0.14	0.08	0.24	0.59	0.27	0.33	0.12
黑麦	11.92	12.6	0.14	0.12	0.4	0.36	0.50	0.53	0.14
荞麦	7.53	11.6	0.14	0.35	0.57	0.38	0.90	0.36	0.20
小麦	12.93	10.8	0.14	0.20	0.30	0.28	0.40	0.43	0.12
麸皮	6.23	14.8	0.20	0.30	0.60	0.48	1.07	0.60	0.30
米糠饼	7.91	13.50	0.17	0.10	0.50	0.40	0.45	0.39	0.10
玉米胚饼	7.07	20	0.43	0.40	0.90	1.10	1.40	0.70	0.20
椰子饼	6.28	22	0.33	0.20	0.54	0.60	2.3	1.0	0.2
胡麻饼	5.90	32	0.47	0.56	1.1	1.1	2.6	1.7	0.47
花生饼	10.12	42	0.40	0.66	1.53	1.6	1.3	1.85	0.44
菜籽饼	7.53	36	0.64	0.4	1.69	4.6	1.49	1.34	0.36
棉仁饼	9.50	41	0.55	0.59	1.59	2.3	1.30	1.31	0.50
棉籽饼（有壳）	8.37	35	0.47	0.50	1.36	1.9	1.1	1.12	0.42
豆饼	10.12	42	0.60	0.60	2.7	3.2	1.7	2.8	0.65
葵籽饼	9.41	35	0.64	0.55	1.40	2.58	1.48	1.4	0.35
豆粕	9.37	44	0.65	0.66	2.90	1.7	3.4	2.5	0.70
芝麻饼	10.88	42	1.45	0.6	1.37	5.0	1.70	2.28	0.80
蚕豆	11.72	24.5	0.2	0.25	1.30	3.0	0.80	0.90	0.20
肉骨粉（45%）	7.20	45	0.53	0.26	2.2	2.7	1.6	1.7	0.18
肉骨粉（50%）	7.99	50	0.67	0.33	2.6	3.3	1.7	1.8	0.26
肉骨粉（55%）	8.34	55	0.75	0.68	3.0	1.8	1.0	0.35	—
鱼粉（秘鲁）	12.05	65	1.9	0.6	4.9	3.38	2.77	3.0	0.75
鱼粉（鲱）	12.59	72	2.2	0.72	5.7	5.64	2.88	3.0	0.8
鱼粉（国产）	10.04	50	1.46	0.45	3.77	2.60	2.07	2.3	0.58

（续）

饲料名称	代谢能（MJ/kg）	粗蛋白质（%）	蛋氨酸（%）	胱氨酸（%）	赖氨酸（%）	精氨酸（%）	苏氨酸（%）	异亮氨酸（%）	色氨酸（%）
蟹粉	7.82	30	0.5	0.2	1.4	1.70	1.2	1.2	0.3
血粉	9.41	80	1.0	1.4	5.3	3.4	3.8	0.8	1.0
羽毛粉	9.83	85	0.55	3.0	1.05	3.93	2.8	2.66	0.4
假丝酵母	10.17	48.0	0.8	0.6	3.8	2.6	2.6	2.9	0.5
日晒木薯粉	2.51	15.0	0.2	0.17	0.60	0.58	0.44	0.35	0.18
小麦次粉	10.88	12.5	0.12	0.1	0.3	0.1	0.28	0.43	0.12
鱼头粉	7.11	43	0.6	0.3	2.5	2.8	1.8	1.7	0.18
蚕蛹粉	10.75	68	2.7	0.7	4.39	3.65	3.14	2.89	0.5
蚕蛹	10.88	65.4	2.36	0.49	3.19	2.51	2.08	2.34	0.07
蝇幼虫	10.46	59.4	1.87	0.29	4.13	2.30	2.27	2.45	0.69
石灰石粉	—	—	—	—	—	—	—	—	—
骨粉	—	—	11～15	—	—	—	—	—	—

表 5-6　中国山鸡常用饲料中的矿物质元素含量

饲料名称	钙（%）	磷（%）	植酸磷（%）	钠（%）	钾（%）	铁（mg/kg）	铜（mg/kg）	锰（mg/kg）	锌（mg/kg）	硒（mg/kg）
玉米	0.02	0.27	0.15	0.01	0.29	36	3.4	5.8	21.1	0.02
高粱	0.13	0.36	0.19	0.03	0.34	87	7.6	17.1	20.1	0.05
小麦	0.17	0.41	0.19	0.06	0.50	88	7.9	45.9	29.7	0.05
大麦（裸）	0.04	0.39	0.18	—	—	100	7.0	18.0	30.0	0.16
大麦（皮）	0.09	0.33	0.16	0.02	0.56	87	5.6	17.5	23.6	0.06
稻谷	0.03	0.36	0.16	0.04	0.34	40	3.5	20.0	8.0	0.04
糙米	0.03	0.35	0.20	—	—	78	3.3	21.0	10.0	0.07
碎米	0.06	0.35	0.20	—	—	62	8.8	47.5	36.4	0.06
粟（谷子）	0.12	0.30	0.19	0.04	0.43	270	24.5	22.5	15.9	0.08
大豆	0.27	0.48	0.18	0.04	1.70	111	18.1	21.5	40.7	0.06
木薯干	0.27	0.00	—	—	—	150	4.2	6.0	14.0	0.04
甘薯干	0.19	0.02	—	—	—	107	6.1	10.0	9.0	0.07
小麦次粉	0.08	0.52	—	0.06	0.60	140	11.6	94.2	73.0	0.07
小麦麸	0.11	0.92	0.68	0.07	0.88	170	13.8	104.3	96.5	0.07

（续）

饲料名称	钙（%）	磷（%）	植酸磷（%）	钠（%）	钾（%）	铁（mg/kg）	铜（mg/kg）	锰（mg/kg）	锌（mg/kg）	硒（mg/kg）
米糠	0.07	1.43	1.33	—	1.35	304	7.1	175.9	50.3	0.09
米糠饼	0.14	1.69	1.47	—	—	400	8.7	211.6	56.4	0.09
米糠粕	0.15	1.62	1.58	—	—	432	9.4	228.1	60.9	0.10
大豆饼	0.30	0.49	0.25	—	1.77	187	19.8	32.0	43.4	0.04
大豆粕	0.32	0.61	0.32	—	1.68	181	23.5	27.4	45.4	0.06
棉籽饼	0.21	0.83	0.55	0.01	1.20	266	11.6	17.8	44.9	0.11
棉籽粕	0.24	0.97	0.64	0.04	1.16	236	14.0	18.7	55.5	0.15
菜籽饼	0.62	0.96	0.63	0.02	1.34	687	7.2	78.1	69.2	0.29
菜籽粕	0.65	1.07	0.65	0.09	—	653	7.1	82.2	67.5	0.16
花生仁饼	0.25	0.53	0.22	—	1.15	347	23.7	36.7	52.5	0.06
花生仁粕	0.27	0.56	0.23	0.07	1.23	368	25.1	38.9	55.7	0.06
向日葵仁饼	0.24	0.87	0.74	0.02	1.17	614	45.6	41.5	62.1	0.09
向日葵仁粕	0.26	1.03	0.87	0.01	1.23	310	35.0	35.0	80.0	0.08
亚麻仁饼	0.39	0.88	0.50	0.09	1.25	204	27.0	40.3	36.0	0.18
亚麻仁粕	0.42	0.95	0.53	0.14	1.38	219	25.5	43.3	38.7	0.18
玉米蛋白粉	0.07	0.44	0.27	0.01	0.30	51	1.9	5.9	19.2	0.02
玉米蛋白饲料	0.15	0.70	—	0.12	1.30	282	10.7	77.1	59.2	—
麦芽粉	0.22	0.73	—	—	—	198	5.3	67.8	42.4	—
鱼粉（浙江）	5.74	3.12	0	0.91	1.24	670	17.9	27.0	123.0	1.77
鱼粉（秘鲁）	3.87	2.76	0	0.88	0.90	219	8.9	0.9	96.7	1.98
鱼粉（国产）	7.0	3.5	—	0.97	1.10	80	8.0	9.7	80.0	1.50
羽毛粉	0.20	0.68	0	0.70	0.30	73	6.8	8.8	53.8	0.80
皮革粉	4.40	0.15	0	—	—	131	11.1	25.2	80.8	—
甘薯叶粉	1.41	0.28	—	—	—	35	9.8	89.6	26.8	0.20
苜蓿草粉（19%粗蛋白质）	1.4	0.51	—	—	—	372	9.1	30.7	17.1	0.45
苜蓿草粉（11.7%粗蛋白质）	1.52	0.22	—	—	—	361	9.7	30.7	21.0	0.46
芝麻饼	2.24	1.19	—	0.04	1.39	—	50.4	32.0	2.4	—
肉骨粉	9.20	4.70	—	0.73	1.40	500	1.5	12.3	—	0.25

（续）

饲料名称	钙（%）	磷（%）	植酸磷（%）	钠（%）	钾（%）	铁（mg/kg）	铜（mg/kg）	锰（mg/kg）	锌（mg/kg）	硒（mg/kg）
啤酒糟	0.32	0.42	—	0.25	0.80	274	20.1	35.6	—	0.60
啤酒酵母	0.16	1.02	—	—	—	902	61.0	23.3	86.7	—
乳清粉	0.87	0.79	—	2.50	1.20	160	—	4.6	—	0.06
DDG	0.41	0.66	—	0.90	0.16	200	44.7	22.6	—	0.86
DDGS	0.32	0.26	—	0.90	1.00	200	44.7	30.0	85.0	0.38

注：DDG（distillers dried grains），是指将玉米酒糟作简单过滤，滤渣干燥，滤清液排放掉，只对滤渣单独干燥而获得的饲料；DDGS（distillers dried grains with solubles），是指将滤清液干燥浓缩后再与滤渣混合干燥而获得的饲料。

表 5-7　中国山鸡常用饲料中的维生素含量（mg/kg，给饲状态）

饲料名称	β-胡萝卜素	维生素E	维生素K	维生素B_1	维生素B_2	维生素B_6	维生素B_{12}	生物素	叶酸	烟酸	泛酸	胆碱
玉米	4	8	0.5	3	1.2	8	0	50	0.3	20	6	500
大麦	4	7	—	4	1.5	1.3	0	150	0.3	60	7	1 000
燕麦	0	8	0.8	6	1	1.3	0	200	0.3	15	12	1 000
高粱	—	12	—	4	1.2	6	0	200	0.2	30	12	500
小麦	0	11	0.5	5	1.1	3	0	100	0.3	50	12	800
稻米	—	13	—	3	3	—	0	80	0.4	30	10	1 000
小麦麸	2	17	—	6	1.5	6	0	110	1.5	200	30	1 100
小麦粗粉	—	18	—	13	1.5	5	0	100	0.6	100	15	1 100
蚕豆	—	1	—	5	—	—	0	90	—	20	3	1 600
大豆油粕	0.2	3	—	3	—	—	0	300	0.4	30	15	2 700
棉籽油粕	—	12	—	8	5	4	0	500	2.5	40	18	2 700
花生仁粕	—	2	—	7	10	4	0	350	—	170	35	2 000
葵花仁粕	0	10	—	0	3	—	0	0	0	200	10	2 000
亚麻籽粕	—	7	—	7	3	—	0	—	2	30	15	1 700
玉米面筋粉	7	15	—	2	2.5	15	0	150	0.3	70	17	2 000
鱼粉	—	2	3	1	7	1.1	150	200	0.2	60	10	3 600
肉骨粉	—	1	—	0	5	1	40	70	1.5	50	3	1 800
鱼膏干	—	—	—	6	8	10	200	200	—	230	45	5 000

（续）

饲料名称	β-胡萝卜素	维生素E	维生素K	维生素B_1	维生素B_2	维生素B_6	维生素B_{12}	生物素	叶酸	烟酸	泛酸	胆碱
脱水苜蓿粉	100	80	16	3	15	5	0	300	2	40	20	1 200
木薯	0	0	0	0	0	0.6	0	0	0	3	0	0
饲料酵母	—	—	—	30	60	35	0	1 000	20	500	90	3 000

注：维生素A、维生素D_3和维生素C在饲料内的含量是可以忽略的量，或完全没有；“—”指无可提供的有价值的材料；生物素、烟酸和胆碱仅一部分有生物学活性。

资料来源：Mc Dowell，L. R. Vitamins in Animal and Human Nutrition，2000.

表5-8 中国山鸡常用饲料中脂肪和亚油酸含量（%）

饲料名称	干物质	粗脂肪	亚油酸
黄玉米	89	4	2.0
高粱	89	2.8	1.1
小麦	87	1.9	0.6
粗米	—	2.5	0.9
小麦麸	—	4.3	2.4
玉米油	100	100	55
大豆油	100	100	51.9
向日葵油	100	100	51.0
棉籽油	100	100	53
花生油	100	100	20
菜籽油	100	100	17～19.7
禽类脂肪	100	100	4.3
牛油	100	100	4.3
猪油	100	100	18
鱼油	100	100	3
肉粉	92	7.0	0.3
鱼粉	91	9.0	0.1

第五节 饲料日粮配制

山鸡日粮配制应遵循以下原则：配合日粮要以饲养标准为基础，根据养殖场山鸡生产水平、健康水平、生产方式及气候情况，将饲养标准进行适当的调

整。在确定日粮能量浓度的前提下，再确定其他营养水平。日粮各组分含量确定后，要有一份适合本场所用饲料的化学成分表，有条件的可把所有饲料进行营养成分分析，特别是常规饲料成分。需要注意日粮的适口性，在保证山鸡饲料多样性的前提条件下，防止霉变和受污染的饲料混入。所选择的饲料，要充分考虑经济原则，做到既满足山鸡的需要，又能降低日粮成本。配合饲料也须考虑山鸡的消化生理特点，选用适宜的原料。所选用的饲料应来源广而稳定。配合日粮必须搅拌均匀，加工工艺合理。

日粮配方设计的方法很多，常见的有试差法、方形法和计算机法等。目前主要采用计算机法进行。中国山鸡典型的日粮配方举例见表5-9至表5-11。

表5-9　中国山鸡日粮配方（%）

饲料种类	小雏山鸡（0～4周龄）	中雏山鸡（5～10周龄）	大雏山鸡（11周龄至性成熟）	繁殖准备期	繁殖期
玉米	38.0	45.0	46.0	45.0	41.0
高粱	3.0	5.0	10.0	5.0	—
麦麸	3.0	10.0	15.0	10.0	8.0
豆饼	20.0	18.0	20.0	18.0	17.0
大豆粉	10.0	5.6	4.3	10.3	10.0
酵母	4.0	4.0	—	3.3	7.0
鸡蛋	10.0	—	—	—	—
鱼粉	10.0	8.0	—	3	10.0
骨粉	2.0	4.0	4.3	5	6.6
食盐	—	0.4	0.4	0.4	0.4
合计	100.0	100.0	100.0	100.0	100.0

表5-10　中国山鸡日粮配方（%）

项　　目	雏山鸡	育成山鸡	成年山鸡	种山鸡（产蛋）
玉米	35.85	43.75	20.55	51.55
高粱	10.0	15.0	30.0	10.0
大豆粕（45%粗蛋白质）	30.0	5.0	2.0	14.0
棉籽粕	—	—	2.0	—
菜籽粕	—	2.0	—	—
鱼粉	10.0	4.0	3.0	6.0

（续）

项　目	幼雏山鸡	育成山鸡	成年山鸡	种山鸡（产蛋）
白鱼粉	5.0	—	—	—
鱼汁吸附饲料	2.0	2.0	—	2.0
肉骨粉	3.0	—	—	2.0
小麦麸	—	15.0	15.0	5.0
脱脂米糠	—	10.0	15.0	—
玉米淀粉渣	—	—	7.0	—
苜蓿粉（脱水）	2.0	2.0	4.0	2.0
饲料酵母	0.6	—	—	—
可溶玉米干酒糟	1.0	—	—	1.0
动物性油脂	—	—	—	1.0
食盐	0.25	0.25	0.25	0.25
碳酸钙	0.1	0.8	1.0	4.8
磷酸氢钙	—	—	—	0.2
维生素混合剂 1	0.1	0.1	—	—
维生素混合剂 2	—	—	0.1	0.1
矿物质混合剂 1	0.1	0.1	—	—
矿物质混合剂 2	—	—	0.1	0.1
合计	100.0	100.0	100.0	100.0

动物性蛋白质一般比植物性蛋白质具有更为平衡的必需氨基酸，但植物性蛋白质的组合也可与任何动物性蛋白质一样实现氨基酸平衡。因此，动物性蛋白质不是必需的，山鸡可利用全植物性蛋白质进行饲养。重要的是日粮中的氨基酸平衡，可通过动物性或植物性蛋白质的组合或添加氨基酸而实现。

表 5－11　中国山鸡日粮组成（g/kg）

组成成分	育雏期		育成期	过渡期	产蛋期
	不加肉粉	加肉粉			
玉米	469.92	420.89	429.54	717.46	575.66
豆粕（48%粗蛋白质）	320.33	199.62	229.22	99.56	100.23
米糠	7.55	107.06	145.03	—	148.93
小麦麸	—	—	—	130.12	—
玉米麸质粉－62	99.96	100.07	100.14	5.77	50.83
肉粉	—	97.9	—	9.12	50.11

（续）

组成成分	育雏期		育成期	过渡期	产蛋期
	不加肉粉	加肉粉			
棉籽粉	49.98	50.04	50.07	—	—
石灰石	13.66	7.08	12.21	15.98	43.66
维生素预混料	9.47	9.47	9.48	9.43	9.50
磷酸氢钙	21.69	—	16.65	7.9	15.44
脂肪	—	—	—	—	0.59
食盐	2.25	2.25	2.25	2.25	2.25
氧化锌	1.08	1.08	1.08	1.08	1.08
硫酸锌	0.90	0.90	0.90	0.90	0.90
蛋氨酸	—	—	—	0.42	—
赖氨酸	3.21	3.64	3.43	—	0.82

第六章
饲 养 管 理

第一节　饲养方式

中国山鸡还未完全驯化，具有一定野性，因此其饲养管理与家禽存在一定差异，可以在借鉴家禽饲养管理技术基础上根据山鸡特性适当改进。

中国山鸡最常用的饲养方式有立体笼养法、网舍平养法和地面散养法。

一、立体笼养法

立体笼养法是以生产商品肉用和蛋用山鸡为目的进行大批量饲养时采用的方法，此方法可获得较好的饲养效果。立体笼养法应随着雏山鸡日龄的不断增大，结合平时的脱温、免疫、断喙和转群工作，逐步减小笼内饲养密度，使饲养密度由脱温时的20～25只/m^2降低至后期的2～3只/m^2，同时还应降低光照以减少啄癖。图6－1为立体饲养笼。

图6－1　立体饲养笼

二、网舍平养法

网舍平养法可为育成期山鸡提供较大的运动空间，改善商品山鸡的肉质，

增加种用后备山鸡的运动量，提高种山鸡的繁殖性能。但应注意对于在育雏后期脱温后刚转到网舍的山鸡，由于环境突变易造成应激而产生撞死或撞伤，控制的最佳方法是在转群时将主翼羽每隔 2 根剪掉 3 根；另外，还应在网舍内或运动场上设置沙池，供山鸡自由采食和沙浴。

三、地面散养法

根据山鸡喜集群和杂食性等生理特点，可充分利用特有的荒坡、林地、丘陵等自然资源进行地面散养。地面散养需建立完备的围网，对山鸡进行剪羽或断翅处理后更利于管理。地面散养山鸡的剪羽方法与网舍平养法相同；断翅应在雏山鸡出壳后立即用断喙器切去一侧翅膀的最后一个关节。在外界温度达到 17～18 ℃时，山鸡脱温后即可进行散养。如外界温度偏低，则应在山鸡 60 日龄后进行。地面散养饲养密度以 1 只/m^2 为宜。地面散养法管理省力，饲养环境优良，山鸡运动性强，既有人工饲料，又有天然食物，利于山鸡快速生长，肉质还会保持野生山鸡的风味。当山鸡育雏结束后，就可以将其进行地面散养，在育雏完成的前 1 周，让雏鸡适当地适应外面的温度，并逐渐接近新环境的喂料器和饮水器，有利于减轻从育雏舍移到育成圈栏中的应激。

地面散养需要为每只山鸡准备充足的料槽空间（表 6－1）。

表 6－1　中国山鸡育成期地面、喂料器和饮水器的要求

占地面积（m^2/只）	喂料器空间（cm/只）	饮水器空间（cm/只）
0.9～1.1	10.2	2.5

第二节　饲养管理技术

生产中常将 0～4 周龄的山鸡，称为小雏；5～12 周龄的山鸡，称为中雏；12～18 周龄的山鸡，称为大雏。0～4 周龄为育雏期，5～18 周龄为育成期。

一、育雏期

育雏是山鸡饲养管理中的重要环节，可直接影响到中雏山鸡和大雏山鸡的生长发育，对种山鸡的生产性能和种用价值也会产生一定影响。

（一）雏山鸡生长发育特点

1. 消化能力较弱　雏山鸡的消化道较短，嗉囊、胃和肠的容积都较小，所以贮存的食物也较少，而且雏山鸡的消化机能还没有发育健全，肌胃研磨食物能力较差，同时缺乏消化酶，但雏山鸡的生长发育比较快。

2. 怕冷、怕热　刚出生的雏山鸡绒毛较短，散热较快，抗寒能力较差。雏山鸡没有汗腺，当环境温度较高时，若热量不能及时排出，会影响其生长，所以要保证良好的通风。雏山鸡舍应具有完备的保暖加温设施。

3. 抵抗力较差　刚出生的雏山鸡生活力较弱，抗病力差，很容易受到各种病原微生物的感染。在养殖实践中，雏山鸡第 1 周的死亡率一般较高。因此，应做好日常的消毒等管理工作，严格控制各种病原微生物的侵入。

（二）育雏方式

目前国内养殖场山鸡育雏方式主要有两种：①立体育雏；②平面育雏。立体育雏主要为笼式育雏，便于防疫，但对房舍的要求较高，需要有完备的保暖加温设施；平面育雏管理比较粗放，对房舍的要求也较低。

1. 立体育雏　目前市场上有许多类型的商品多层育雏笼，少部分专门为特禽设计，大部分是为家禽设计的，可根据山鸡特点加以改进。立体育雏方法的优点是容易观察雏鸡，减少寄生虫病发生率，比平面育雏更有效地利用育雏舍的空间和热能，适用于规模化养殖场的成批量山鸡育雏；缺点是需要更多的劳动力清洗设备，规模化生产最初需花费大量资金购买育雏笼，成本较高。

山鸡育雏笼以 3～4 层叠层的方式排列来进行育雏，每层笼隔成小间，山鸡应放在每层笼的隔间中。随着隔间中山鸡生长发育，每周应适当减少数量，降低饲养密度，以防止发生啄癖和应激。育雏开始，每层笼应空出两个隔间，以便将其他隔间中饲养的山鸡搬入。为减少山鸡腿关节损伤，在加热时底面应用粗糙的纸或其他合适的材料铺垫，可以用 6.3 μm 表面粗糙度的聚乙烯垫，其具有耐用、容易清洗并重复使用的优点。立体育雏方式是目前大型山鸡饲养场主要采用方式。

2. 平面育雏　平面育雏是将雏山鸡饲养在一个平面上，可分为更换垫料育雏、厚垫料育雏和网上育雏等。

（1）更换垫料育雏　将雏山鸡饲养在铺有 3～5 cm 厚垫料的地面上饲养，优

点是操作简单、方便；缺点是雏山鸡会接触到排泄物，容易感染疾病尤其是球虫病。

（2）厚垫料育雏　需要注意对育雏舍进行充分消毒，方法是先在地面撒一层熟石灰，一般按照每平方米 1 kg 计算，然后铺设 5～6 cm 厚的垫料，育雏 2 周后，再铺设垫料，直到厚度达到 15～20 cm 为止，育雏结束后可以一次性清除垫料（图 6－2）。优点是节省劳动力，雏山鸡经常翻动垫料，增加活动量，可以增加雏鸡的食欲和新陈代谢，促进其生长发育。厚垫料通过发酵产生的热量也可以提高室内的温度。缺点是雏鸡会经常接触粪便等排泄物，而导致其感染球虫病。同时费用也会提高。

图 6－2　中国山鸡厚垫料地面平养

采用地面平养育雏要严格控制雏山鸡的饲养密度，以降低山鸡群啄癖并使应激最小化。山鸡地面和育雏笼底部空间的大小见表 6－2。

表 6－2　雏山鸡推荐占地面积（m^2/只）

类型	出雏至 2 周龄	3～6 周龄
中型	0.023 2	0.069 7
大型	0.031 0	0.092 9

（3）网上育雏　是利用小床进行育雏，小床的材料可以使用铁、木头和竹子，现在多为铁制（使用年限较长）。根据房舍的结构设置小床的大小，小床摆放离地面 50～60 cm。网上育雏的优点是雏山鸡不接触粪便，减少病原微生物的感染，成本较低。缺点是饲养管理技术要求较高。

（三）育雏前准备

为了顺利育雏，提高成活率，必须做好育雏前的准备工作。根据山鸡场的实际情况，拟订出雏计划，安排人员等。

育雏室要进行全面检查，检查维修完毕后进行消毒，可采用福尔马林熏蒸消毒。消毒后，做好通风换气。将育雏所需要的器具统一进行清洗和消毒。在进雏山鸡的前2天要做好育雏室的供温和试温工作，要求预热达到32～35℃。采用地面散养的雏山鸡，在试温后要提前铺好消毒过的垫料。育雏前准备充足的饲料和常用药品，做好相关的育雏记录。

（四）育雏条件

1. 温度　是育雏成功的首要条件，尤其是刚出壳的雏山鸡，在前5天，体温低于成年山鸡1～2℃。最简单的方法是开始育雏温度为35℃，以后每周下降约2.5℃，直到羽毛长齐。如果雏山鸡在运输过程中已发生长时间的冷应激，可将育雏温度设为38℃，等山鸡足够温暖以后，再将温度下降到35℃。

雏山鸡的良好表现即可充分说明育雏环境是适宜的。有嘈杂声的山鸡通常是有问题的，原因可能是育雏温度太高或太低。温度太高将引起雏山鸡挤到护栏处或育雏保护装置的周边；温度太低时，雏山鸡可能在育雏伞下挤作一团。理想的育雏环境温度是21～35℃。冷应激比较危险，会导致雏山鸡死亡。

笼养育雏的温度要求较高。笼养情况下中国山鸡不同日龄的适宜温度见表6－3。

表6－3　中国山鸡不同日龄的温度要求（℃）

1～3日龄	4～7日龄	2周龄	3～4周龄	5～6周龄
37～39	35～36	30～33	26～28	25～26

注：①温度应视雏山鸡群情况进行调整；②育雏温度为育雏笼内的温度。

2. 湿度　适宜的环境湿度，可使雏山鸡生活舒适，食欲良好，正常发育；环境湿度过高或过低都会影响雏山鸡的水分蒸发和卵黄吸收，严重影响雏山鸡的健康生长。衡量环境湿度的简便方法是以人进入育雏室不感到干燥为宜。适宜的育雏湿度是1周龄内为65%～70%，1～2周龄为60%～65%，2周龄以后为55%～60%。若湿度过低，可在室内放置水盘或向地面洒水；过高时，应加强通风换气。

3. 通风　是育雏的关键条件之一。育雏期间育雏舍必须有空气流动或自然通风，育雏第 1 周要求空气流动少一些，此后逐渐增加空气流动。通风可以减少灰尘，降低温度和湿度，并减少臭气产生。过多的灰尘可以引起山鸡呼吸道问题，灰尘也是病原微生物尤其是沙门氏菌的携带者，需引起重视。

通风可以降低氨气浓度。一般氨气浓度达到 15 mg/m^3 时，人就可以感觉到；浓度达到 50 mg/m^3 时，眼睛开始发痒，也会影响雏山鸡生长。育雏舍要控制好通风，排风扇应安装在墙上，离地面 1.5～1.8 m。如建筑物没有隔墙，排风扇需提供一致的风速。正常情况下，空气进口应该位于对面的墙上，有足够的高度使空气在山鸡上方流动。6.5 cm^2 进风口每分钟可排出空气 0.1 m^3，当排风扇打开期间使用遮光罩时，空气进风口应增加到 8 cm^2。通风换气的标准是以人进入舍内无臭感、无闷气感、鼻子和眼睛无强烈刺激感为宜。

4. 光照　育雏期保证光照时间和光照度，对控制雏山鸡啄癖和多余活动是必需的。一般要求育雏第 1 周，维持光照度 30～50 lx，用白炽灯或温暖的荧光灯，通过调光开关能将光照度减少到 5 lx，可以为采食和饮水提供足够的光照。

合理的育雏除充分利用自然光照外，还应补充一定的人工光照。推荐的光照方案见表 6－4。

表 6－4　推荐中国山鸡不同时期光照方案

<table>
<tr><th>时期</th><th>光照时间（h）</th><th>光照度（lx）</th></tr>
<tr><td>1～2 日龄</td><td>24</td><td rowspan="2">30</td></tr>
<tr><td>3～7 日龄</td><td>20</td></tr>
<tr><td>2 周龄</td><td>16</td><td rowspan="3">5</td></tr>
<tr><td>3 周龄</td><td>12</td></tr>
<tr><td>4～20 周龄</td><td>9</td></tr>
<tr><td>21 周龄</td><td>10</td><td rowspan="9">10～30</td></tr>
<tr><td>22 周龄</td><td>13</td></tr>
<tr><td>23 周龄</td><td>13.5</td></tr>
<tr><td>24 周龄</td><td>14</td></tr>
<tr><td>25 周龄</td><td>14.5</td></tr>
<tr><td>26 周龄</td><td>15</td></tr>
<tr><td>27 周龄</td><td>15.5</td></tr>
<tr><td>28 周龄以后</td><td>16</td></tr>
</table>

注：光照度应在山鸡头部处测定。

5. 饲养密度　随着育雏日龄的增加，应及时调整饲养密度。推荐各阶段的饲养密度为1～10日龄50～60只/m^2，11～20日龄40～50只/m^2，21～30日龄30～40只/m^2，也需要根据实际情况进行适当调整。饲养密度过大，会引起雏山鸡生长速度过慢，发育不整齐，发生啄癖和其他疾病，死亡率增加等；密度过小，会导致浪费。

6. 育雏设施　利用育雏护栏，可以保持雏山鸡接近热源和食物。护栏应围住育雏伞热源、热水管或加热板，最初应放置在距离热源约50 cm处，并每天扩展保证圈舍内有更大的空间，护栏应在7～9 d后搬离，让雏山鸡进入房间。育雏最初几天，在育雏伞下用7.5 W红光或热源引导雏山鸡接近热源。

圈舍内地面可利用多种垫料。理想的垫料应无毒、价格低廉并具有良好的吸水性，如木屑和谷壳。在开始7～10 d必须覆盖垫料，以防止雏山鸡吃垫料。选择垫料通常考虑适用性和价格。中国山鸡育雏各种垫料的吸水特性见表6-5。

表6-5　中国山鸡育雏垫料吸水特性（g）

垫料	每100 g垫料吸收水分
大麦秆（切碎）	210
松木杆	207
花生壳	203
松木刨花	190
切碎的松木杆	186
谷壳	171
松木枝条和碎片	165
松柏和碎片	160
松木皮	149
玉米棒	123
松木屑	102
黏土	69

资料来源：美国佐治亚大学居民公报75（家禽系）。

育雏时，首先要让雏山鸡学会饮水和采食，特别是雏山鸡运输时间在24 h以上时，如果时间允许，应把每只山鸡嘴放到水盘中，帮助其认识水源。第

1 周使用钟式饮水器，以防止雏山鸡被淹死。将小的彩色鹅卵石或大理石放在水盘中可以吸引雏山鸡饮水，同时需要减小水的深度，将钢丝网安装在水盘的开口处也可用来防止雏山鸡被淹死。饮水器的数量根据雏山鸡的数量确定，100 只雏山鸡需要 3 个 4 L 饮水器，开始几天可将水盘直接放在垫料上，以后将水盘放在 2.5 cm 高的台上。要保持雏山鸡的饮水新鲜，雏山鸡饮水器和其他永久性饮水器每天应用含氯的水清洗消毒。逐步从 4 L 饮水器过渡到永久饮水器，如乳头式饮水器，需要将 4 L 饮水器留在永久性饮水器附近直到雏鸡发现新的水源。

喂料器放置的位置与饮水器同样重要，饲料盘与饮水器需交替放置，撒在料盘上的饲料很快会被雏山鸡发现，几天以后，应逐步过渡到料桶，让雏山鸡发现新的饲料源。在开始几天严密观察，确认雏山鸡发现和使用料桶或料槽，以避免雏山鸡饿死。触摸雏山鸡嗉囊或观察雏山鸡吃料情况，能确定已使用料桶的饲料量，同时要确保雏山鸡有足够的采食空间（表 6 - 6）。雏山鸡在 1 周龄内需要饲喂优质全价饲料，目前市场还没有专门的雏山鸡配合饲料，多采用家禽用雏鸡饲料。

表 6 - 6　雏山鸡的采食空间（cm^2/只）

1～2 周龄	2～6 周龄
2.50	5.1

7. 断喙　为避免中国山鸡啄羽等啄癖发生，应保持雏山鸡较低的光照度。饲养管理上应注意山鸡群饲养密度、光照度、采食或饮水情况，这些因素都可引起山鸡啄癖。目前大型山鸡养殖场均采用断喙方法，可减少啄癖。

需要注意的是，在高温或其他应激操作如免疫或转群时不能断喙。目前多采用商用断喙器进行适当断喙，在 2 周龄时进行断喙，断喙时切除上喙 1/2 和下喙 1/3，切好后烧灼伤口，并充分止血，操作要缓慢，在断喙前后饮水中要添加维生素添加剂，有助于减少应激，同时还应在料槽中加满饲料，以方便采食。

8. 营养　雏山鸡生长发育较快，必须保证其足够的营养，尤其要注意蛋白质、矿物质元素、维生素的需要量。要求蛋白质 26%～27%，钙 1.3%，磷 0.9%，维生素 A 每千克饲料 1 500 IU，维生素 D 每千克饲料 2 200 IU。

9. 卫生防疫　为了防止雏鸡的疾病发生，每天需要清洗食槽、水槽，并及时清除粪便，做好圈舍地面清理工作，不要经常安排外人参观，严格按照免疫程序进行疫苗注射。

10. 育雏期要做好及时饮水和开食　保证雏山鸡出壳后 12～24 h 第 1 次饮水，饮用 0.01%的高锰酸钾水，水温要与室温相同，饮水 1～2 h 后，让雏山鸡开食。雏山鸡不宜开食过早或过晚，过早会影响雏山鸡的整齐度，同时会导致多种疾病的发生，过晚会影响雏山鸡的生长发育，增加死亡率。开食最好采用湿喂方法，少喂勤添，1～3 日龄，每 2 h 饲喂 1 次，4～14 日龄每天饲喂 6 次，15～30 日龄每天饲喂 5 次。保证饲料新鲜，每天的饲料量不要过多，以吃饱为宜。

11. 雏山鸡出壳后要根据强弱及时分群　山鸡的驯化程度不高，育雏期间要尽量保持安静，减少惊扰等因素，尽量将每天的饲喂、饮水、打扫卫生、记录等工作固定时间和顺序。饲养人员的服装尽量不要太显眼，不要经常更换，尽量减少捕捉等行为。

二、育成期

中国山鸡育成期日粮中的蛋白质含量应随日龄的增加而逐步降低，在育成前期，可由育雏期的 25%～27%减少至 21%左右；在育成后期，日粮中的蛋白质含量可降至 16%～17%，但能量水平应维持在 12.45～12.55 MJ/kg，饲料中可适当降低动物性蛋白质饲料的比例，增加青饲料和糠麸类饲料。育成期饲料不宜过细，以免降低采食量，应注意适口性，采用干喂法饲喂，育成前期每天喂 5 次，每次间隔 3 h 或每天喂4 次，每次间隔 4 h。育成后期从每天喂 4 次逐步减少至每天喂 2 次，饲喂量以第二天早晨喂料时料槽内饲料正好吃完为佳。食槽和饮水器要求设置充足，每 100 只山鸡应设置容量 2.5 L 的料桶和 4 L 的饮水器各 4～6 只。商品山鸡应在出栏前 2 周停喂鱼粉。

因为育成后期的山鸡易出现肥胖现象，因此这一阶段应采用限制饲喂法，通过减少饲料中蛋白质和能量水平、控制饲喂次数、增加运动量、定期随机称重来控制山鸡的体重。后备种鸡应按照种鸡的要求调节光照时间，商品山鸡则应在夜间适当增加光照以促进山鸡采食，提高生长速度。鸡舍应每天打扫，水槽、料槽要定期清洗和消毒。垫草应保持清洁，干燥不发霉，并经常曝晒或消毒。病、弱山鸡要及时隔离饲养。按照计划进行免疫接种、药物驱虫和预防性用药，防止各类疾病的发生。

目前一些山鸡养殖场采用给山鸡佩戴眼罩的方法，可以减低山鸡之间的打斗。由于眼罩遮住了山鸡正前方的视线，导致山鸡无法准确攻击目标，但对于山鸡采食和饮水等并无影响，还可以提高山鸡的饲养密度。

随着山鸡日龄的增长和飞跃能力的提高，山鸡撞死的现象也会逐渐增多。剪羽是控制撞死的有效手段，具体方法是在山鸡 7～8 周龄时，将主翼羽每隔 2 根剪去 3 根，也可采用在雏山鸡进入育雏舍前断一侧翅关节的方法，可以有效控制撞死现象。最主要的是要保持圈舍环境的安静。

三、种山鸡

种山鸡应采用单笼或单独配对的围栏饲养，以便测定山鸡公、母鸡的生产性能。可对在金属网或围栏中小群配种的纯种山鸡群进行较小强度的选择，大群配种不需要纯种选育，但可采用选择方法改进某些生产性状。

1. 饲养　后备种山鸡达到性成熟时即进入繁殖准备期，种山鸡的性腺开始发育。为了使种山鸡能尽快达到繁殖体况，促进性成熟和产蛋，繁殖准备期饲料必须是全价饲料，且应将日粮中的蛋白质水平提高到 17%～18%，同时相应降低糠麸类饲料的比例，并适当添加多种维生素和微量元素等添加剂，以增强种山鸡体质。但应注意营养水平不可过高，此时应适当控制种山鸡体重，避免体重过大、体质肥胖而造成难产、脱肛或产蛋高峰期变短、产蛋量减少等现象。

2. 环境条件　进入繁殖准备期的种山鸡，其环境适应能力较强，对周围环境温度要求不高，对光照也没有严格要求，密度以 0.8 m^2 饲养 2 只种山鸡为宜。但环境湿度不宜过大，山鸡舍内应保持干燥，运动场等应铺设一层细沙。

3. 山鸡群的准备　后备期和休产期的种山鸡应公母分群饲养。选留体质健壮、发育整齐的种山鸡作为繁殖群，将其他优秀山鸡公鸡作为后备种山鸡公鸡单独饲养，以用于随时替换繁殖群淘汰的种山鸡公鸡，将不具备种用条件的山鸡公、母鸡单独组成淘汰群，经育肥后作商品山鸡出售。选留的繁殖群山鸡母鸡应进行喙部修理，繁殖群山鸡公鸡和后备种山鸡公鸡应进行剪趾处理，同时还应做好相应的驱虫和免疫工作。山鸡母鸡开产前 2 周进行公母合群，合群时一般以公母比例 1∶(4～6) 组成适宜的繁殖群体。大群配种的繁殖群体一般以不超过 100 只为宜，小间配种则以 1 只山鸡公鸡与适量的山鸡母鸡组成一个小型的繁殖群。合群时，小间配种的山鸡公鸡应做好精液品质检查，同时选择优秀家系的山鸡母鸡配种。大群配种则应挑选体重中等或偏上的公、母山鸡，最大体重不应超过平均体重的10%。种山鸡公鸡和种山鸡母鸡均采用单笼饲养，一般采用三层阶梯式或层叠式饲养设备，便于人工授精操作。对产蛋山鸡舍进行清洁消毒后，18周龄从育成舍转群到产蛋山鸡舍，在产蛋率达50%时开始人工授精；也可采用每笼1公6母的饲养方式，进行自然交配繁殖，应在产蛋前2周进行转群进笼。

四、繁殖期

山鸡在繁殖期由于产蛋和配种等原因，需要较高的蛋白质水平，一般应为21%～22%，注意补充维生素和微量元素。配制日粮时，应充分考虑产蛋期山鸡的营养需要，特别是笼养山鸡对营养的需求更高。由于山鸡母鸡对钙的需要量较高，应提高日粮中矿物质元素含量。当气温达到30 ℃以上时，山鸡会出现食欲下降，因此，应在适当降低日粮能量水平的同时，将蛋白质水平提高到23%～24%，以保证种山鸡的蛋白质需求。

繁殖期的饲喂次数应满足山鸡交配和产蛋的要求。山鸡产蛋时间一般集中在9:00—15:00，而日落前2 h是山鸡采食最活跃时期，因此，国外山鸡养殖场建议在15:00一次给料。而国内饲养比较精细，在上午9:00前和下午3:00后饲喂2次。当天气炎热时，适当提前和延后，以增加采食量。

在采用定时饲喂的情况下，饲喂湿粉料比干粉料的采食速度快，但应注意饲喂量，确保一次吃完，以免腐败，并应注意供给充足的清洁饮水。笼养时，最好使用全价颗粒饲料，料槽中留有一定的饲料，确保山鸡在晚上关灯前能吃到饲料。山鸡公鸡应在人工授精前将料槽中饲料吃完，以防止采精时有大量的粪便排泄。

繁殖期山鸡舍内的温度以22～27 ℃为宜，最高不超过30 ℃，否则会影响种山鸡产蛋和受精，因此夏季应采用防暑降温的方法，控制环境温度，如利用风机、湿帘和喷淋等设备，并保持舍内干燥。产蛋期山鸡每天的光照时间为16 h，地面平养时产蛋箱应安放在光线较暗的地方。保证每只种山鸡平均至少占有0.8 m^2的活动面积（含运动场），并适当降低密度。每只山鸡应拥有长4～6 cm的料槽，每100只山鸡配备4～6只4 L饮水器，以免山鸡采食和饮水时拥挤，饮水器和料槽摆放的位置要分散而固定，确保所有的山鸡都有采食和

饮水的机会；每天清理 2 次山鸡料槽内的剩料，料槽和饮水器定期清洗和消毒，保证每周不少于 2 次，适当进行带鸡消毒。立体笼养时，应及时整修笼具，必要时顶部可加装防撞网，注意喂料均匀度，山鸡饮水时确保乳头式饮水器正常出水，并对每只种山鸡的生产情况做好记录。

山鸡对外部环境的变化非常敏感，各种不良刺激都可能引起山鸡受到惊吓，因此，饲养过程中各生产流程应注意定时、定人和定程序，避免陌生人进入生产区。生产人员应着统一服装，在生产过程中应以少干扰山鸡群为原则，尽量避免捕捉山鸡，同时还应注意紧闭圈门，防止其他动物进入山鸡舍或舍内山鸡外逃。每天应注意观察山鸡的精神状态、采食、粪便和行为状况，一旦发现问题，及时上报处理。

地面平养时，当山鸡公、母鸡合群后，山鸡公鸡之间会经过一个激烈的争偶斗架过程，因此在争斗过程中，最好人为帮助“王子鸡”尽快确立优势地位，尽快稳群，减少损伤。繁殖期种山鸡对外界环境敏感，一旦有异常变化，会躁动不安。因此，饲养人员应穿着统一工作服，喂料和拣蛋动作要轻稳，产蛋舍周围谢绝外来人员参观并禁止各种施工和车辆出入，防止犬、猫等动物在山鸡舍外走动，同时还应保持山鸡群的相对稳定，尽量避免抓山鸡、调群和防疫等工作。每 4～6 只山鸡母鸡配备一个产蛋箱，产蛋高峰时每隔1～2 h 拣蛋1 次，天气炎热时增加拣蛋次数。为防止产生恶癖，可对发生啄癖的山鸡采取戴眼罩和放假蛋等预防措施，也可对整群种山鸡每隔 4 周修喙一次，对破损蛋则应及时将蛋壳和内容物清除干净。天气炎热时，可采取搭棚、种树和喷水等措施来降低环境温度，可在饲料中适当添加维生素 C，以抵抗热应激，并保证长期供应充足的清洁饮水。当外界温度低于 5 ℃时，应采取加温措施，以减少低温对山鸡产蛋的影响。平时要加强清洁卫生，及时清除粪便，清洗料槽和饮水器，并用高锰酸钾消毒，注意圈舍干燥，雨后及时排除积水，防止疾病发生，每 2 周对山鸡舍和运动场及产蛋箱等进行一次消毒。

规模化山鸡养殖场大多采用笼养设备，人工控制山鸡舍内饲养环境，包括温度、湿度、光照和通风等，致使种山鸡的产蛋周期与其在自然条件下时发生了很大变化，改变了其原来的产蛋规律。目前，部分山鸡场只饲养 1 个生产周期，在 52～56 周龄直接淘汰，以提高生产效率。饲喂方式采用自动化喂料系统和乳头式饮水器，每周进行带鸡消毒。

五、休产期

种山鸡完成一个产蛋期后开始换羽，进入休产期。休产期种山鸡对营养需要量比较低，饲养时在保证种山鸡健康的前提下，应尽量降低饲料成本。此时的日粮应按照换羽期的标准，以能量饲料为主，含量为50%～60%，适当配合蛋白质和青绿饲料，蛋白质水平应控制在17%，但应在饲料中添加1%的石膏粉或1%～2%的羽毛粉，以促进羽毛再生。

完成换羽后的种山鸡具备较强的抗寒能力，为了使其顺利进入越冬期，此时日粮中的能量水平可提高到12.5 MJ/kg，同时将蛋白质水平降低至15%左右，并以植物性蛋白质饲料为主，以进一步降低饲养成本。

休产期山鸡的饲料品种应因地制宜，但应最大限度地确保品种多样化。休产期山鸡每日饲喂2次，分别于9:00和15:00各饲喂1次，每天饲喂量为72～80 g/只，其中可适当饲喂部分玉米颗粒，以延长消化时间。

休产期山鸡对外部环境的要求与繁殖准备期山鸡基本相同。一般情况下，此时的种山鸡群要及时淘汰，但对部分具有育种价值或在特殊情况下仍需留作种用的山鸡，除应对饲料作适当调整外，还应及时调整鸡群，淘汰病弱山鸡以及繁殖性能下降或超过种用年限的山鸡。选留的种山鸡应公母分群饲养，及时修喙，做好驱虫和免疫接种等保健工作。山鸡舍应进行彻底清洗消毒，北方做好相应的防寒保温工作，保持山鸡舍通风、干燥和适度的光照。种山鸡公鸡使用年限为1年，种山鸡母鸡使用年限为2年，必要时可适当延长，但生产性能明显下降。

第七章
疾 病 防 控

第一节　防疫原则

山鸡场要认真贯彻“预防为主”的方针，严格执行卫生防疫制度，以保证鸡群的健康发展。为防止疫病的发生和流行，必须消除传染源，切断疫病的传播途径。

一、场地和房舍卫生

在山鸡场生产区入口处设置消毒槽，所有进出的人员、设备和工具等必须进行彻底消毒，场区内要保持清洁和定期消毒。周围环境每天定时清扫 1 次，每 3 天消毒 1 次，每周进行 1 次大扫除、大消毒。不允许在场内地面堆粪。鸡舍在进鸡或转群前必须彻底清扫干净，然后用高压水枪冲洗，再用消毒液全面喷洒，最后关闭门窗进行熏蒸消毒，以彻底杀灭空气、地面、墙壁等处的病原体，防止蚊蝇滋生和散发臭气。

非生产人员不得进入生产区，饲养人员不得相互串栋、串岗或共用物品。坚持执行每栋鸡舍“全进全出”的饲养制度，不同批次、不同日龄的山鸡不能混养，以减少疾病，提高成活率。切实做好山鸡舍内外清洁卫生和消毒隔离工作，消除场内卫生死角。病死山鸡要严格深埋或投入化尸坑，及时进行无害化处理。

每年对山鸡群都要定期、适时驱虫，以避免山鸡患寄生虫病。定期灭鼠和灭蝇，尽量消灭可传播疾病的病源。

二、饲料卫生

饲料室要求严密、干燥、通风良好，地面最好为水泥地面，以防止老鼠进入，饲料间最好不要存储其他物品。要严把饲料购买关，避免将一些病原传染给鸡群，以及饲喂发霉或变质的饲料造成山鸡中毒。

三、饮水卫生

要保证水源清洁，没有污染。饮水器具等要经常清洗和消毒，防止霉菌污染。

四、尸体和粪便的处理

死亡山鸡尸体的处理方式非常重要，一些不明原因死亡的山鸡最好作深埋处理，并对相应地面和器具进行严格消毒。粪便中含有大量的病原微生物、寄生虫等，如果没有严格的清洁和消毒制度，常常会导致饲料和饮水的污染。

第二节　疾病预防

山鸡疾病的预防要加强饲养管理，增强机体抗病能力，建立健全兽医卫生防疫制度，保持环境卫生，加强检疫，按照免疫程序定期进行疫苗接种。

一、传染病预防

发生传染病时，管理人员应立即对可疑山鸡隔离，由专人管理，对污染的环境进行彻底的消毒处理，并请兽医进行疾病诊断。如确定为传染病，则需对病山鸡污染的笼舍、场地和所有用具进行消毒，封锁养殖场，向上级主管部门汇报。养殖场封锁期间，雏山鸡和种山鸡严格控制调出和调入，应在处理完毕场区内所有病鸡，所有设施经过严格消毒后，2 周内再无新病例发生，才可进行调入和调出。

二、寄生虫病预防

寄生虫病的预防主要是严格保证饲料和饮水的卫生，及时清理粪便，保持良好的场区环境，做到定期驱虫。当山鸡发生寄生虫病时，及时采取相应措施，选择合适的药物进行驱虫。对患病山鸡的排泄物，要进行彻底的清理消毒，以免扩散。

三、中毒性疾病预防

要了解中毒性疾病的发病规律和临床诊断要点，严格防控饲喂腐败、霉变的饲料，加强鼠药等的管理。

四、营养缺乏疾病预防

根据饲养地区的不同，要适当地对饲料原料进行调整，避免山鸡发生营养缺乏疾病。

第三节　常见疾病及防控

一、新城疫

新城疫是由新城疫病毒引起的一种急性、热性、败血性和高度接触性传染病。以高热、呼吸困难、下痢、神经紊乱、黏膜和浆膜出血等为特征。具有很高的发病率和死亡率，是危害山鸡养殖的主要传染病之一。

【病原学】新城疫病毒为副黏病毒科副黏病毒属的禽副黏病毒Ⅰ型。病毒存在于病山鸡的所有组织器官、体液、分泌物和排泄物中，以脑、脾、肺含毒量最高，以骨髓含毒时间最长。在低温条件下抵抗力强，在 4 ℃可存活 1～2 年，−20 ℃能存活 10 年以上。真空冻干病毒在 30 ℃可保存 30 d，15 ℃可保存 230 d，不同毒株对热的稳定性有较大差异。

新城疫病毒对消毒剂、日光及高温抵抗力不强，一般消毒剂的常用浓度即可很快将其杀死。很多因素都能影响消毒剂的效果，如病毒的数量、毒株的种类、温度、湿度、阳光照射、贮存条件及是否存在有机物等，尤其是以有机物的存在和低温影响作用最大。

【流行病学】山鸡易感。不同年龄的山鸡易感性存在差异，小雏山鸡和中雏山鸡易感性最强，2 岁以上的山鸡易感性较弱。一年四季均可发生，但以春秋季较多。养殖场内的山鸡一旦发生本病，可于 4～5 d 波及全群。

病山鸡是本病的主要传染源。山鸡感染后临床症状出现前 24 h，其口、鼻分泌物和粪便就有病毒排出。病毒存在于病山鸡的所有组织器官、体液、分泌物和排泄物中。处于流行间歇期的带毒山鸡，也是本病的传染源。鸟类也是本病重要的传播者。

新城疫病毒可经过消化道、呼吸道、眼结膜、受伤的皮肤或泄殖腔黏膜侵入机体。病毒在 24 h 内很快在侵入部位繁殖，随后进入血液扩散到全身，引起病毒血症。此时病毒吸附在细胞上，使红细胞凝集、膨胀，继而发生溶血。同时病毒还会对心脏、血管系统造成严重损害，导致心肌变性而发生心脏衰竭，从而引起血液循环高度障碍。由于毛细血管发生通透性坏死性炎症，因而临床上表现严重的消化功能障碍和下痢。在呼吸道则主要发生卡他性炎症和出血，使气管被渗出的黏液堵塞，造成高度呼吸困难。在发病后期，病毒侵入中枢神经系统，常引起非化脓性脑炎变化，导致神经症状。消化道病变以腺胃、小肠和盲肠最具特征。腺胃乳头肿胀、出血或溃疡，尤以在与食管或肌胃交界处最明显。十二指肠黏膜及小肠黏膜出血或溃疡，有时可见到岛屿状或枣核状溃疡灶，表面有黄色或灰绿色纤维素膜覆盖。盲肠扁桃体肿大、出血和坏死。呼吸道以卡他性炎症和气管充血、出血为主。鼻道、喉、气管中有浆液性或卡他性渗出物。弱毒株感染、慢性或非典型性病例可见到气囊炎，囊壁增厚，有卡他性或干酪样渗出。产蛋山鸡常有卵黄泄漏到腹腔形成卵黄性腹膜炎，卵巢滤泡松软变性，其他生殖器官出血或褪色。

【临床症状】根据临床表现和病程可将新城疫分为最急性型、急性型和慢性型 3 种。

（1）最急性型　此型多见于雏山鸡和流行初期。常突然发病，无特征性症状而迅速死亡。往往晚上饮食活动如常，第二天早晨即发现死亡。

（2）急性型　表现为呼吸道、消化道、生殖系统、神经系统异常。往往以呼吸道症状开始，继而下痢。起初体温升高，可达 43～44 ℃。呼吸道症状表现为咳嗽，黏液增多，呼吸困难而引颈张口，呼吸出声，鸡冠和肉髯呈暗红色或紫色。精神萎靡，食欲减少或丧失，渴欲增加，羽毛松乱，不愿走动，垂头缩颈，翅翼下垂。眼半闭或全闭，状似昏睡。山鸡母鸡产蛋停止或产软壳蛋。病山鸡咳嗽，有黏性鼻液，呼吸困难，有时伸头、张口呼吸，发出“咯咯”的喘鸣声，或突然出现怪叫声。口角流出大量黏液，为排除黏液，常甩头或吞咽。嗉囊内积有液体状内容物，倒提时常从口角流出大量酸臭的暗灰色液体。排黄绿色或黄白色水样稀便，有时混有少量血液。后期粪便呈蛋清样。部分病例出现神经症状，如翅和腿麻痹，站立不稳，飞不动、失去平衡等，最后体温下降，在昏迷中死去，死亡率达 90%以上。1 月龄内的雏山鸡病程短，症状不明显，死亡率高。

（3）慢性型　多发生于流行后期的成年山鸡。耐过急性型的病山鸡，常以神经症状为主，初期症状与急性型相似，不久有好转，但出现神经症状，如翅膀麻痹、跛行或站立不稳，头颈向后或向一侧扭转，常伏地旋转，反复发作。在间歇期内一切正常，貌似健康。但若受到惊扰刺激或抢食，则又突然发作，头颈屈仰，全身抽搐旋转，数分钟又恢复正常。最后可变为瘫痪或半瘫痪，或者逐渐消瘦，终致死亡，但病死率较低。

【防控措施】及早实施免疫，提前建立局部黏膜抵抗力。活疫苗与灭活疫苗联合使用。活疫苗免疫后产生免疫应答早，免疫力完全；缺点是产生的体液抗体低且维持时间短。灭活疫苗免疫能诱导机体产生坚强而持久的体液抗体，但产生免疫应答晚，且不能产生局部黏膜抗体。两种疫苗联合使用可以做到优势互补，给山鸡群提供坚强且持久的保护。应根据抗体水平，及时补充免疫。

以下为建议的山鸡免疫程序，供参考。

首免：1 日龄，采用新城疫弱毒活疫苗初免。

二免：7～14 日龄，采用新城疫弱毒活疫苗和（或）灭活疫苗进行免疫。

三免：12 周龄，采用新城疫弱毒活疫苗和（或）新城疫灭活苗加强免疫。

产蛋期：根据抗体水平及时补免或 2 个月免疫 1 次活疫苗。在做好免疫的同时，加强饲养管理，做好消毒工作。

存在本病或受本病威胁的地区，预防的关键是对健康山鸡进行定期免疫接种。平时应严格执行防疫规定，防止病毒或传染源与易感山鸡群接触。

二、鸡痘

鸡痘是山鸡的一种急性、接触性传染病，特征是在无毛或少毛的皮肤上，眼、喙及肛门周围发生痘疹，或在口腔、咽喉及食道等黏膜处形成白喉性假膜。近年来较多发，死亡率较低，但并发其他疾病、卫生条件较差或营养不良时，可引起死亡。本病主要通过吸血昆虫传播，在蚊虫多的季节多发。

【病原学】病原是鸡痘病毒，其可在胚龄 10～12 d 的鸡胚成纤维细胞上生长繁殖，产生特异性病变，细胞先变圆，继而变性坏死。在鸡胚绒毛尿囊膜上形成致密的局灶性或弥漫性的痘斑，呈灰白色，坚实，厚约 5 mm，中央为灰死区。

鸡痘病毒在其感染皮肤表皮细胞和鸡胚绒毛尿囊膜细胞胞浆内形成包涵体。鸡痘病毒对外界自然因素抵抗力强，阳光照射数周仍有活力，－15 ℃保存多年仍有致病性。对乙醚有抵抗力。在 1％酚或 1∶1 000 福尔马林溶液中可存活 9 d。1%氢氧化钠溶液可将其灭活。50 ℃经过 30 min 或 60 ℃经过 8 min 可将其灭活。胰蛋白酶不能消化 DNA 或病毒粒子。腐败环境中病毒很快死亡。

【流行病学】各日龄的山鸡均能感染，小雏山鸡和中雏山鸡发病居多且死亡率高。一年四季均可发生。一般秋末冬初皮肤型鸡痘发生较多，冬季则黏膜型鸡痘发生较多。被病山鸡脱落、破散的痘痂或痂膜污染的饲料、饮水、饲槽和水槽等，都可传播本病。主要通过皮肤和黏膜的伤口感染。

【防控措施】以“沙氏鸡痘疫苗”实施翼膜穿刺法接种最有效。若山鸡处于危险地区，应尽量提早接种；若为引进山鸡，于 2 日龄接种温和鸡痘疫苗（小痘），6～12 周龄须再次以沙氏鸡痘疫苗（大痘）补强接种。

免疫接种痘苗，适用于 7 日龄以上山鸡。以盐水或冷开水稀释 10～50 倍，用刺针蘸取疫苗刺种在鸡翅膀内侧无血管处皮下。接种 7 d 左右，刺中部位呈现红肿、起泡，以后逐渐干燥结痂而脱落，可免疫 5 个月。

保证环境卫生，消灭蚊、蠓和鸡虱、鸡螨等。及时隔离病山鸡甚至淘汰，并对场地和用具进行彻底消毒。

【治疗方法】鸡痘尚无特效治疗药物，主要靠平时有计划地对山鸡群进行免疫，发病后只能对症治疗，防止继发感染。对严重痘痂者，用镊子去掉痂皮，用 0.05%高锰酸钾溶液清洗，再涂消炎药物即可，每天 1～2 次。

三、禽霍乱

禽霍乱是一种侵害山鸡的接触性疾病，自然潜伏期一般 2～9 d，呈现败血性症状，发病率和死亡率高。

【病原学】病原是多杀性巴氏杆菌，为两端钝圆、中央微凸的短杆菌，长 1～1.5 μm，宽 0.3～0.6 μm，不形成芽孢，也无运动性。普通染料可着色，革兰氏染色阴性。病料组织或体液涂片用瑞氏、姬姆萨氏法或美蓝染色镜检，菌体多呈卵圆形，两端着色深，中央部分着色浅。用培养物所作涂片，两极着色不明显。用印度墨汁等染料染色时，可看到清晰的荚膜。新分离的细菌荚膜宽厚；经过人工培养而发生变异的弱毒菌，则荚膜狭窄且不完全。

多杀性巴氏杆菌为需氧兼性厌氧菌，普通培养基上也可生长，但不繁茂，添加少许血液或血清后生长良好。在普通肉汤中生长，开始均匀混浊，慢慢形成黏性沉淀和薄的附壁的菌膜。在血琼脂上长出灰白、湿润而黏稠的菌落。在普通琼脂上形成细小透明的露滴状菌落。明胶穿刺培养，沿穿刺孔呈线状生

长，上粗下细。在添加血清和血红蛋白的培养基上37 ℃培养18～24 h，45°折射光线下检查，菌落呈明显的荧光反应。对物理和化学因素的抵抗力比较弱。在培养基上保存时，每月至少传代1～2次。在自然干燥的情况下，很快死亡。在37℃保存的血液、猪肉及肝、脾中，分别于6个月、7 d及15 d死亡。在浅层的土壤中可存活7～8 d，粪便中可存活14 d。普通消毒药常用浓度对多杀性巴氏杆菌有良好的消毒力，1%石炭酸、1%漂白粉、5%石灰乳、0.02%汞液数分钟至数十分钟即可将其杀死。日光对多杀性巴氏杆菌有强烈的杀菌作用，薄菌层暴露阳光10 min即可被杀死。热对多杀性巴氏杆菌的杀菌力也很强，马丁肉汤24 h培养物加热60 ℃ 1 min即可将其杀死。

【流行病学】山鸡对禽霍乱易感，通常发生于产蛋山鸡群。16周龄以下的山鸡一般具有较强的抵抗力。但临床也曾发现10日龄发病的山鸡群。自然感染山鸡的死亡率通常为0～20%或更高，经常发生产蛋下降和持续性局部感染。断料、断水或突然改变饲料，都可使山鸡对禽霍乱的易感性提高。

慢性感染山鸡被认为是传染的主要来源。大多数畜禽都可能是多杀性巴氏杆菌的带菌者，污染的笼子、饲槽等也可能成为传染源。本病自然感染的潜伏期一般为2～9 d，有时在引进病山鸡后48 h内会突然暴发。人工感染通常在24～48 h发病。由于山鸡机体抵抗力和病菌的致病力强度不同，所表现的症状也有差异。一般分为最急性型、急性型和慢性型3种病型。

（1）最急性型　常见于流行初期，以产蛋高的山鸡最常见。病山鸡无症状，夜间一切正常，吃得很饱，次日发病死亡。

（2）急性型　最为常见，病山鸡主要表现为精神沉郁，羽毛松乱，缩颈闭眼，头缩在翅下，不愿走动，离群呆立。病山鸡常有腹泻，排出黄色、灰白色或绿色稀粪。体温升高至43～44 ℃，减食或不食，渴欲增加，呼吸困难，口、鼻分泌物增加。鸡冠和肉髯变青紫色，有的病山鸡肉髯肿胀，有热痛感。产蛋山鸡停止产蛋，最后发生衰竭、昏迷而死亡，病程短的约半天，长的1～3 d。

（3）慢性型　是由急性不死病例转变而来，多见于流行后期，以慢性肺炎、慢性呼吸道炎和慢性胃肠炎较多见。病山鸡鼻孔有黏性分泌物流出，鼻窦肿大，喉头积有分泌物而影响呼吸，经常腹泻。病山鸡消瘦，精神委顿，冠苍白。有些病山鸡一侧或两侧肉髯显著肿大，随后可能有脓性干酪样物质，或干结、坏死、脱落。有的病山鸡有关节炎，常局限于脚或翼关节和腱鞘处，表现为关节肿大、疼痛、脚趾麻痹，因而发生跛行。病程可拖至1个月以上，病程长者生长发育和产蛋不能恢复。

【病理变化】最急性型死亡的病山鸡无特殊病变，有时只见心外膜有少许出血点。急性病例病变为山鸡的腹膜、皮下组织及腹部脂肪常见小出血点。心包变厚，心包内积有大量不透明淡黄色液体，有的含纤维素絮状液体，心外膜、心冠脂肪出血尤为明显。肺有充血或出血点。肝脏病变具有特征性，肝微肿，质地变脆，呈棕色或黄棕色。肝表面散布有许多灰白色、针头大的坏死点。脾脏一般不见明显变化，或稍微肿大，质地较柔软。肌胃出血显著，肠道尤其是十二指肠呈卡他性和出血性肠炎，肠内容物含有血液。慢性型因侵害的器官不同而有所差异。当呼吸道症状为主时，可见鼻腔和鼻窦内有多量黏性分泌物，某些病例见肺硬变。局限于关节炎和腱鞘炎的病例，主要见关节肿大变形，有炎性渗出物和干酪样坏死。山鸡公鸡的肉髯肿大，内有干酪样渗出物，山鸡母鸡的卵巢明显出血，有时卵泡变形，似半煮熟样。

【防控措施】加强山鸡群的饲养管理，平时严格执行山鸡场卫生防疫措施，以圈舍为单位采取全进全出的饲养制度。一般从未发生本病的山鸡场不需要进行疫苗接种。

【治疗方法】山鸡群发病应立即采取治疗措施，有条件的山鸡场应通过药敏试验选择有效药物全群给药。磺胺类药物有较好的疗效。在治疗过程中，剂量要足，疗程合理，当山鸡死亡明显减少后，再继续投药2～3 d以巩固疗效，防止复发。

对常发地区或山鸡养殖场，药物治疗效果变差，病情很难得到有效控制，可考虑应用疫苗进行预防。但由于疫苗免疫期短，防治效果不理想。在有条件的山鸡场可在本场分离细菌，经鉴定合格后，制作灭活苗，定期对山鸡群进行注射。经实践证明，通过1～2年的免疫，本病可得到有效控制。国内现有较好的禽霍乱蜂胶灭活疫苗，安全可靠，可在0℃保存2年，易于注射，不影响产蛋，无毒副作用，可以有效防治本病。

四、鸡白痢

鸡白痢是由鸡白痢沙门氏菌引起的山鸡传染病，各年龄段山鸡均可发生。山鸡发病表现急性败血症，特征为发热、排灰白色粥样或黏性液状粪便。成年山鸡主要损害生殖系统。

【病原学】本病病原白痢沙门氏菌是肠杆菌科的一员，为两端稍圆的细长

杆菌，革兰氏染色阴性，不能运动，无荚膜，不形成芽孢，是兼性厌氧菌。病山鸡的内脏中都有病菌，以肝、肺、卵黄囊和睾丸中最多。自然条件下，病菌的抵抗力较强，在土壤中可以存活 14 个月；山鸡舍内的病菌可以存活到第 2 年；在栖木上可以存活 10～105 d；在木饲槽上温度为－3～8 ℃、湿度为 65%～75%时，可以存活 62 d。此菌对热的抵抗力不强，煮沸 5 min 或 70 ℃ 20 min 可以将其杀死，一般消毒药都能将其迅速杀死。

【流行病学】常发本病的山鸡是该病的自然宿主。病山鸡的排泄物是传播本病的媒介物，可以传染给同群未感染的山鸡，可以从一个养鸡单位传染给另一个养鸡单位。带菌山鸡的卵巢和肠道含有大量病菌，病菌随排泄物排出体外，污染周围环境。饲料、饮水和用具被污染后，同群山鸡食入此排泄物，也是本病传播的一个主要因素。饲喂患鸡白痢病鸡的蛋壳，往往也可引起发病。由于感染本病山鸡长期带菌，产出被感染的受精蛋，不但可以把此病传给后代，而且被感染的蛋内含有大量病菌，对有啄蛋癖或吃蛋癖的山鸡也是一个重要的传染源。被感染的蛋可以污染孵化器，在孵化过程中可通过蛋壳、羽毛等扩散传染。在孵化器中即使只有少数感染雏山鸡，也可以很快把病菌传染给多数雏山鸡。此病能通过血液传染，因此啄肉癖也是传播方式之一。

苍蝇感染本菌以后，如果接触了饲料，再用这种饲料饲喂雏山鸡，或者苍蝇被雏山鸡吃掉，也可能引起发病。本病还可以通过交配、断喙、性别鉴别等方式传播，免疫器材被污染也能造成广泛传播。

饲养管理条件差，如山鸡群拥挤，环境不卫生，育雏室温度过高或者过低，通风不良，饲料缺乏或质量差，运输条件较差或者同时有其他疫病存在等，都是诱发本病和增加死亡率的因素。

【临床症状】由于感染对象不同，临床上表现症状也不同。胚胎感染种蛋，一般在孵化后期或出雏器中可见到已死亡的胚胎和垂死的弱雏。胚胎感染出壳后的雏山鸡，一般在出壳后表现衰弱、嗜睡、腹部膨大、食欲丧失，绝大部分 1～2 d 后死亡。

雏山鸡鸡白痢 5～7 日龄时开始发病。病山鸡精神沉郁，低头缩颈，闭眼昏睡，羽毛松乱，食欲下降或不食，怕冷、喜欢扎堆，嗉囊膨大、充满液体。突出表现是下痢，排出一种白色似石灰浆状的稀粪，并黏附于肛门周围的羽毛上。排便次数多，肛门常被黏糊封闭，影响排便，病雏排粪时，感到疼痛而发出尖叫声。有的病雏，呼吸困难，伸颈张口。有的可见关节肿大，行走不便，跛行，有的出现眼盲。雏山鸡鸡白痢因环境因素及污染严重程度不同，其引起的发病率与死亡率从很低到80%～90%不等，2～3周龄时是高峰期，3～4周龄以后，虽有发病，但很少死亡，表现为排白色粪便，生长发育迟缓。康复鸡是终生带菌者。

青年山鸡鸡白痢多见于40～80日龄，突然发生，整个山鸡群食欲精神尚可，但可见山鸡群中不断出现精神委顿、食欲差和下痢者，常突然死亡，死亡不见高峰期。山鸡群密度过大，环境卫生条件恶劣，饲养管理粗放，天气突变，饲料突然改变或品质低下等均可导致本病的发生。

成年山鸡鸡白痢多是由雏山鸡鸡白痢的带菌者转化而来，呈慢性或隐性感染，一般不见明显的临床症状，当山鸡群感染比例较大时，产蛋量受到明显影响，产蛋高峰不高，维持时间短，种蛋的孵化率和出雏率均下降。有的山鸡可见鸡冠萎缩，有的山鸡开产时鸡冠发育尚好，以后则表现出鸡冠逐渐变小、发绀。病山鸡时有下痢。

【病理变化】胚胎感染主要病理变化是肝脏肿胀和充血，有时正常黄色的肝脏夹杂着条纹状出血。胆囊扩张，充满胆汁。卵黄吸收不良，内容物有轻微变化。

鸡白痢病死山鸡呈败血症，瘦小，羽毛污秽，肛门周围污染粪便，脱水，眼睛下陷，脚趾干枯。卵黄吸收不全，卵黄囊的内容物变成淡黄色，并呈奶油样或干酪样黏稠物，心包增厚，心脏上常可见灰白色坏死小点或小结节；肝脏肿大，并可见点状出血或灰白色针尖状的灶性坏死点，胆囊扩张充满胆汁，脾脏肿大、质地脆弱，肺可见坏死或灰白色结节，肾充血或贫血，输尿管显著膨大，有时在肾小管中有尿酸盐沉积。肠道呈卡他性炎症，特别是盲肠常可出现干酪样栓塞。

青年山鸡鸡白痢突出的病理变化是肝脏肿大，是正常的几倍，整个腹腔常被肝脏覆盖，质极脆，一触即破，被膜上可见散在或较密集的小红点或小白点。腹腔充盈血水或血块。脾脏肿大。心包扩张，心包膜呈黄色不透明。心肌可见数量不一的黄色坏死灶，严重的心脏变形、变圆。整个心脏几乎被坏死组织代替。肠道呈卡他性炎症，肌胃常见坏死。

成年山鸡鸡白痢主要病理变化在生殖系统，表现为卵巢与卵泡变形、变色及变性，卵巢未发育或发育不全，输卵管细小。卵子变形，如呈梨形、三角形、不规则等形状；卵子变色，呈灰色、黄灰色、黄绿色、灰黑色等不正常色

泽；卵泡或卵黄囊内的内容物变性，有的稀薄如水，有的呈米汤样，有的较黏稠呈油脂样或干酪状；有病理变化的卵泡或卵黄囊，常可从卵巢上脱落下来，成为干硬的结块阻塞输卵管；有的卵子破裂造成卵黄性腹膜炎，肠道呈卡他性症状。

【临床诊断】根据不同日龄山鸡感染的临床症状和病理特征，可作出本病的初步诊断，进一步确诊可进行病原分离和鉴定。

【防控措施】加强育雏管理，育雏室保持清洁干燥，温度要维持恒定，垫草勤晒勤换，雏山鸡群不能过分拥挤，饲料要配合适当，防止雏山鸡发生啄癖，饲槽和饮水器防止被粪便污染。注意常规消毒，山鸡舍及一切用具要经常清洗消毒，搞好山鸡场的环境卫生。孵化器在应用前，要用甲醛气雾消毒。孵化种蛋在孵化前用甲醛熏蒸消毒。育雏室和一切育雏用具，要经常消毒。

执行定期检疫措施，定期对种山鸡群检疫是消灭带菌者、净化山鸡群鸡白痢的最有效措施。应用全血玻片凝集试验方法，一般种山鸡群的检疫每年需进行 2～3 次，第一次可在 40～70 日龄进行，连续检疫 1～2 次，每次间隔10～15 d；第二次应于全面开产后进行，坚持淘汰阳性山鸡，以达到净化山鸡场的目的。对新购进的山鸡，应选用合适的药物进行预防，有助于控制发病。

【治疗方法】使用磺胺类和抗生素药物治疗效果良好，但需注意抗药性问题，不可长时间使用一种药物或加大药物剂量。目前兽用中药和益生菌等，也有一定疗效。治疗中应考虑有效药物在一定时间内交替、轮换使用，要有一定的疗程。

五、马立克氏病

马立克氏病（Marek's disease，MD）又名神经淋巴瘤病，是中国山鸡的一种淋巴组织增生性疾病，主要特征是对外周神经、性腺、虹膜、内脏器官、肌肉和皮肤的单个或多个组织器官发生单核细胞浸润。本病是由细胞结合性疱疹病毒引起的传染性肿瘤病，导致上述各器官和组织形成肿瘤。病山鸡常见消瘦、肢体麻痹，并常有急性死亡。

【病原学】病原是一种细胞结合性疱疹病毒（Marek's disease virus，MDV）。已发现的有 3 种血清型，Ⅰ型为致癌性的，Ⅱ型为非致癌性的，Ⅲ型为火鸡疱疹病毒（HVT）。HVT 与 MDV 有明显区别，对山鸡无致病性，但可作为预防马立克氏病的有效疫苗。MDV 在山鸡羽毛囊上皮中形成带囊膜的完整病毒粒子，直径为273～400 nm。在组织培养的感染细胞核中可见到直径为85～100 nm的六角形病毒颗粒或核衣壳，偶尔在细胞浆中可见。偶尔可见与细胞核膜或核空泡相连的有囊膜的病毒颗粒，直径为150～160 nm。

【流行病学】山鸡是主要的马立克氏病自然宿主。1日龄雏山鸡人工接种感染后3～6 d出现细胞感染，6～8 d淋巴器官出现变性病变，特别是胸腺和法氏囊萎缩。2周左右可见神经和其他器官有单核细胞浸润，并开始排毒。最早在18 d前后，一般在3～4周出现临床症状。大多数山鸡群开始暴发本病是从8～9周龄开始，12～20周龄是高峰期，但也有3～4周龄的雏山鸡群和60周龄的成年山鸡群暴发本病的病例。感染马立克氏病病毒的病山鸡，大部分终生带毒，病毒不断从脱落的羽毛囊皮屑中排出有传染性的MDV，这就是MD难于控制的根本原因。至今未有证明马立克氏病垂直传播的病例。

20世纪70年代已有疫苗预防本病，不少山鸡群在接种疫苗后明显地降低了发病率，很大程度地减少了损失，但也有一些山鸡群仍然存在不同程度由马立克氏病造成的损失。无母源抗体的山鸡群接种疫苗后最少需要1周才能产生免疫力。有母源抗体的山鸡群则要在接种疫苗2周以上才能产生免疫力，疫苗剂量还需加大约4倍。部分统计资料表明，初生雏山鸡在有MDV污染的环境中几乎在1周内疫苗产生免疫力之前已感染了自然强毒，因而失去或降低疫苗效力。一般来说，免疫接种不能100%防止发病，同未免疫的对照山鸡群相比，保护率为80%～85%。

【临床症状】马立克氏病的症状被分为神经型（古典型）、内脏型（急性型）和眼型3种。各型混合发生也时有出现。神经型症状最早的表现是步态不稳、共济失调。单肢、双肢麻痹或瘫痪被认为是马立克氏病的特征性症状，由于神经受到MDV不同程度的侵害而引起，特别是一条腿伸向前方而另一条腿伸向后方。翅膀可因麻痹而下垂，颈部因麻痹而低头歪颈，嗉囊因麻痹而扩大并常伴有腹泻。病鸡采食困难，饥饿至脱水而死。发病期由数周到数月，死亡率为10%～15%。内脏型多为急性暴发MD的鸡群。开始表现为大多数病鸡严重委顿，白色羽毛山鸡的羽毛失去光泽而变为灰色。有些病山鸡单侧或双侧肢体麻痹，厌食、消瘦和昏迷，最后衰竭而死。急性死亡数周内停止，也可延至数月，一般死亡率为10%～30%，也有高达70%的。眼型MD可见单眼或双眼发病，视力减退或消失。虹膜失去正常色素，变为同心环状或斑点状以至弥漫性青蓝色到弥散性灰白色混浊等。瞳孔边缘不整齐，严重的只剩一个似针

头大小的孔。以上 3 种型在发生本病的鸡群中常同时存在。出现临床症状的病鸡有少部分能康复，但多数以死亡告终。

【防控措施】搞好卫生与管理，在山鸡场内实行全进全出制度。雏山鸡对本病易感性极高，即使免疫接种质量很好，如果在出壳的前 4 周内接触到本病的强毒，仍可能发病。因此，1～90 日龄应隔离进行。做好鸡舍的环境消毒工作，定期驱虫，特别要注意预防球虫病。不从有马立克氏病的山鸡场购买山鸡、种蛋，购买的种蛋要进行消毒，种山鸡要隔离饲养，一旦发现本病应全部淘汰。

所有山鸡均应在出壳后尽早接种疫苗，免疫接种与接触强毒的时间间隔越长，免疫效果越好。有研究称对 18～19 日龄的鸡胚进行免疫接种，使山鸡一出壳就具有对本病的抵抗力，效果较好。

六、传染性法氏囊病

传染性法氏囊病（infectious bursal disease，IBD）会侵害山鸡法氏囊，引起雏山鸡免疫抑制，不仅可使山鸡对马立克氏病和新城疫疫苗接种的反应能力下降，而且可使病山鸡对球虫、大肠杆菌、腺病毒和沙门氏菌等病原更易感。首先在法氏囊出现局部感染，进而形成菌血症，导致各脏器病理损害。

传染性法氏囊病为高度接触性传染病。病毒通过被污染的环境、饲料、饮水、垫料、粪便、用具、衣物、昆虫等传播，不经过彻底有效的隔离、消毒措施则很难控制。

【病原学】山鸡传染性法氏囊病毒（infectious bursal disease virus，IBDV）为双股 RNA 病毒。电子显微镜观察表明 IBDV 有不同大小的两种颗粒，大颗粒约 60 nm，小颗粒约 20 nm，均为二十面体立体对称结构。病毒粒子无囊膜，仅由核酸和衣壳组成。核酸为双股双节段 RNA，衣壳由一层 32 个壳粒按 5∶3∶2 对称形式排列构成。

传染性法氏囊病毒耐热，耐阳光和紫外线照射。病山鸡舍中的病毒可存活 100 d 以上。56 ℃加热 5 h 仍存活，60 ℃可存活 0.5 h，70 ℃则迅速将其灭活。病毒耐酸不耐碱，pH 2.0 经 1 h 被灭活，pH 12 则受抑制。本病毒对乙醚和氯仿不敏感。3%煤酚皂溶液、0.2%过氧乙酸、2%次氯酸钠、5%漂白粉、3%石炭酸、3%福尔马林、0.1%升汞溶液可在 30 min 内灭活本病毒。

【流行病学】病山鸡的粪便中含有大量病毒，病山鸡是主要传染源。山鸡可通过直接接触传播该病病毒。被污染了 IBDV 的饲料、饮水、垫料、尘埃、用具、车辆、人员、衣物等可间接传播，老鼠和甲虫等也可间接传播该病。有人从蚊子体内分离出一株病毒，被认为是一株 IBDV 自然弱毒，由此说明媒介昆虫可参与该病的传播。该病毒不仅可通过消化道和呼吸道感染，还可通过污染了病毒的蛋壳传播，但未有证据表明本病可经卵传播。研究表明，经眼结膜也可传播本病。

该病的另一流行病学特点是发生该病的山鸡场，常常出现新城疫、马立克氏病等疫苗接种免疫失败的山鸡群，免疫抑制现象常使发病率和死亡率急剧上升。IBD 产生的免疫抑制程度随感染山鸡的日龄不同而有所差异，初生雏山鸡感染 IBDV 最为严重，可使法氏囊发生坏死性不可逆病变。1 周龄后或 IBD 母源抗体消失后而感染 IBDV 的山鸡，其影响有所减轻。

【临床症状】传染性法氏囊病潜伏期为 2～3 d，易感山鸡群感染后发病突然，病程一般为 1 周左右，典型发病山鸡群的死亡曲线呈尖峰式。发病山鸡群的早期症状之一是有些病山鸡有啄自己肛门的现象，随即病山鸡出现腹泻，排出白色黏稠或水样稀便。随着病程的发展，食欲逐渐消失，颈和全身震颤，病山鸡步态不稳，羽毛蓬松，精神委顿，卧地不动，体温常升高，泄殖腔周围的羽毛被粪便污染。此时病山鸡脱水严重，趾爪干燥，眼窝凹陷，最后衰竭死亡。急性病山鸡可在出现症状 1～2 d 后死亡，山鸡群 3～5 d 达死亡高峰，以后逐渐减少。在初次发病的山鸡场多呈显性感染，症状典型，死亡率高。以后发病多转入亚临床型。近年来发现部分 Ⅰ 型变异株所致的病型多为亚临床型，死亡率低，但其造成的免疫抑制严重。

患病山鸡精神萎靡、食欲不振、缩颈，颈部毛竖起、下痢、虚脱而死。发病后 1～2 d 有山鸡死亡，4～7 d 死亡率达最高峰，之后山鸡慢慢恢复正常。本病发生率可达 100％，死亡率 20％～30％，部分可达 50％～60％。

【病理变化】病死山鸡肌肉色泽发暗，大腿内外侧和胸部肌肉常见条纹状或斑块状出血。腺胃和肌胃交界处常见出血点或出血斑。法氏囊病变具有特征性，水肿，比正常大 2～3 倍，囊壁增厚，外形变圆，呈土黄色，外包裹有胶冻样透明渗出物。黏膜皱褶上有出血点或出血斑，内有炎性分泌物或黄色干酪样物。随病程延长，法氏囊萎缩变小，囊壁变薄，第 8 天后仅为其原重量的 1/3 左右。一些严重病例可见法氏囊严重出血，呈紫黑色，如紫葡萄状。十二指肠黏膜增厚，轻微出血。有纤维素性心包炎，心包膜增厚，包腔蓄积大量黄

色半透明液体，有颗粒样纤维蛋白渗出物，冠状脂肪沟有针尖大小出血点，部分心包膜与心肌发生粘连。腺胃乳头周围出血，尤其与肌胃交界处明显。肝脏肿大，表面及周边有出血点或坏死病灶。肾脏瘀血、肿大，常见尿酸盐沉积，输尿管有大量尿酸盐而扩张。鼻腔内有浆液性、脓性分泌物。泄殖腔出血，充满白色或黄白色稀粪。脾脏肿大、出血。盲肠扁桃体多肿大、出血。

【临床诊断】传染性法氏囊病根据其流行病学、病理变化和临床症状可作出初步诊断。确诊需进行实验室诊断。死山鸡呈严重脱水现象，腿肌及胸肌可见大片出血点或出血块。法氏囊肿大、化脓，有时出血。肾脏肿大、尿酸盐沉积。腺胃及肌胃交界处黏膜有时出血。由于本病发病快，经 3～4 d 高死亡率后，迅速恢复正常。法氏囊肿大、化脓、出血直至萎缩，通过以上症状可快速作出诊断。

【防控措施】采用全进全出饲养制度，饲喂全价饲料。山鸡舍换气良好，温度、湿度适宜，消除各种应激，提高山鸡免疫应答能力。对 60 日龄内的雏山鸡最好实行隔离封闭饲养，杜绝传染源。

发病山鸡舍应严格封锁，每天上下午各进行一次带鸡消毒。对环境、人员、工具也应进行消毒。及时选用对山鸡群有效的抗生素，控制继发感染。改善饲养管理措施和消除应激因素。可在饮水中加入复方口服补液，以及维生素 C、维生素 K、B 族维生素或 1%～2%奶粉，以保持山鸡水、电解质和营养平衡，促进康复。病山鸡早期用高免血清或卵黄抗体治疗可获得较好疗效。雏山鸡 0.5～1.0 mL/羽，成年山鸡 1.0～2.0 mL /羽，皮下或肌内注射，必要时次日再注射一次。

要注意场内卫生，加强消毒防疫。肉用山鸡在 1 周龄及 2 周龄时使用活毒疫苗饮水。种山鸡和蛋用山鸡在 1 周龄、2 周龄、8 周龄、12 周龄、18 周龄及产蛋后每隔 3 月补强一次。

七、鸡球虫病

球虫病是山鸡常见且危害十分严重的寄生虫病，是由一种或多种球虫引起的急性流行性寄生虫病。山鸡球虫病造成的经济损失是惊人的。10～30 日龄雏山鸡或 35～60 日龄青年山鸡的发病率和致死率可高达 80%。病愈的雏山鸡生长受阻，增重缓慢；成年山鸡一般不发病，但为带虫者，增重和产蛋能力降低，是传播球虫病的重要病源。

【病原学】病原为原虫中的艾美耳科艾美耳属球虫。世界各国记载的鸡球虫种类共有13种，我国发现9种。不同种球虫，在山鸡肠道内寄生部位不同，其致病力也不相同。柔嫩艾美耳球虫寄生于盲肠，致病力最强；毒害艾美耳球虫寄生于小肠中1/3段，致病力强；巨型艾美耳球虫寄生于小肠，以中段为主，有一定的致病作用；堆型艾美耳球虫寄生于十二指肠及小肠前段，有一定的致病作用，严重感染时引起肠壁增厚和肠道出血等病变；和缓艾美耳球虫和哈氏艾美耳球虫寄生于小肠前段，致病力较低，可能引起肠黏膜的卡他性炎症；早熟艾美耳球虫寄生在小肠前1/3段，致病力低，一般无肉眼可见的病变；布氏艾美耳球虫寄生于小肠后段、盲肠根部，有一定的致病力，能引起肠道点状出血和卡他性炎症；变位艾美耳球虫寄生于小肠、直肠和盲肠，有一定的致病力，轻度感染时肠道的浆膜和黏膜上出现单个的、包含卵囊的斑块，严重感染时可出现散在的或集中的斑点。

球虫孢子化卵囊对外界环境及常用消毒剂有极强的抵抗力，一般的消毒剂不易破坏，在土壤中可保持生活力达4～9个月，在有树荫的地方可达15～18个月。但山鸡球虫未孢子化卵囊对高温及干燥环境抵抗力较弱，36℃即可影响其孢子化，40℃环境中停止发育，在65℃作用下，几秒钟卵囊即全部死亡；湿度对球虫卵囊的孢子化影响也极大，干燥室温环境下放置1 d，即可使球虫丧失孢子化的能力，从而失去传染能力。

【临床症状】病山鸡精神沉郁，羽毛蓬松，头蜷缩，食欲减退，嗉囊内充满液体，鸡冠和可视黏膜贫血、苍白，逐渐消瘦，病山鸡常排出胡萝卜样粪便。若感染柔嫩艾美耳球虫，开始时粪便为咖啡色，以后变为完全的血粪，如不及时采取措施，致死率可达50%以上。若多种球虫混合感染，粪便中带血液，并含有大量脱落的肠黏膜。

病山鸡消瘦，鸡冠与黏膜苍白，内脏变化主要发生在肠管，病变部位和程度与球虫的种别有关。柔嫩艾美耳球虫主要侵害盲肠，两盲肠显著肿大，可为正常的3～5倍，肠腔中充满凝固或新鲜的暗红色血液，盲肠上皮变厚、糜烂严重。毒害艾美耳球虫损害小肠中段，使肠壁扩张、增厚，有严重的坏死。在裂殖体繁殖的部位，有明显的淡白色斑点，黏膜上有许多小出血点。肠管中有凝固的血液或有胡萝卜色胶冻状内容物。

【防控措施】加强饲养管理。成年山鸡与雏山鸡分开喂养，以免带虫的成年山鸡散播病原导致雏山鸡暴发球虫病。保持山鸡舍干燥、通风和山鸡场卫

生，定期清除粪便，堆放发酵以杀灭卵囊。保持饲料、饮水清洁，笼具、料槽、水槽定期消毒，一般每周一次，可用沸水、蒸汽或3%～5%热碱水等处理。用球杀灵和1：200的农乐溶液消毒山鸡场及运动场，均对球虫卵囊有强大杀灭作用。每千克日粮中添加0.25～0.5 mg硒，可增强山鸡对球虫的抵抗力。补充足够的维生素K和添加3～7倍推荐量的维生素A，可以加速患球虫病山鸡的康复。

【治疗方法】目前，国内外对鸡球虫病的防治主要是依靠药物。自1936年首次出现专用抗球虫药以来，已报道的抗球虫药达40余种，现今广泛使用的有20余种。

常用如下药物预防山鸡球虫病。氯苯胍：预防按每千克饲料添加30～33 mg混饲，连用1～2个月；治疗按每千克饲料添加60～66 mg，混饲3～7 d，后改预防量予以控制。硝苯酰胺（球痢灵）：预防按每千克饲料添加125 mg，治疗为每千克饲料添加250～300 mg，混饲，连用3～5 d。莫能霉素：预防按每千克饲料添加80～125 mg，混饲连用。马杜拉霉素（抗球王、杜球、加福）：预防按每千克饲料添加5～6 mg，混饲连用。尼卡巴嗪：预防每千克饲料添加100～125 mg，混饲，育雏期可连续给药。

八、传染性支气管炎

山鸡传染性支气管炎是由传染性支气管炎病毒引起的一种急性高度接触性呼吸道传染病。临床特征是呼吸困难、发出啰音、咳嗽、张口呼吸、打喷嚏。如果病原不是肾病变型毒株或不发生并发病，死亡率一般较低。产蛋山鸡感染通常出现产蛋量降低，蛋品质下降。

【病原学】传染性支气管炎病毒属于尼多病毒目冠状病毒科冠状病毒属冠状病毒Ⅲ群。本病毒对环境抵抗力不强，对普通消毒药敏感，但对低温有一定的抵抗力。传染性支气管炎病毒具有很强的变异性，目前世界上已分离出30多个血清型。大多数毒株能使气管产生特异性病变，但也有些毒株能引起肾脏病变和生殖道病变。

传染性支气管炎主要通过空气传播，也可通过饲料、饮水、垫料等传播。饲养密度过大、舍内过热或过冷、通风不良等可诱发本病。

【流行病学】各日龄的山鸡均易感，但5周龄内的山鸡症状比较明显，死亡率可达15%～19%。发病季节多见于秋末至翌年春末，但以冬季最为严重。

环境因素主要是冷、热、拥挤、通风不良，特别是强烈的应激作用如疫苗接种、转群等可诱发该病发生。传播方式主要是通过空气传播。人员、用具及饲料等也是传播媒介。传染性支气管炎传播迅速，通常在 1～2 d 内波及全群。一般认为本病不能通过种蛋垂直传播。

【临床症状】传染性支气管炎自然感染的潜伏期为 36 h 或更长。发病率较高，雏山鸡的死亡率可达 25%以上，但 6 周龄以上的死亡率一般不高，病程一般多为 1～2 周，雏山鸡、产蛋山鸡发病的临床症状各不相同。

（1）雏山鸡　无前驱症状，全群几乎同时突然发病。最初表现呼吸道症状，流鼻涕、流泪、鼻肿胀、咳嗽、打喷嚏、伸颈张口喘气。夜间听到明显嘶哑的叫声。随着病情发展，症状加重，病鸡缩头闭目、垂翅、挤堆、食欲不振、饮欲增加，如治疗不及时，有个别死亡现象。

（2）产蛋山鸡　表现轻微的呼吸困难、咳嗽、气管啰音，有“呼噜”声。精神不振、减食、排黄色稀粪，症状不严重，有极少数死亡。发病第 2 天产蛋开始下降，1～2 周下降到最低点，有时产蛋率可降到一半，产软蛋和畸形蛋，蛋清变稀，蛋清与蛋黄分离，种蛋孵化率降低。产蛋量回升情况与山鸡的日龄有关，产蛋高峰期的成年山鸡母鸡，如果饲养管理较好，经 2 个月基本可恢复到原来水平，但老龄山鸡母鸡发生此病，产蛋量大幅下降，很难恢复到原来的水平，可考虑及早淘汰。

（3）肾病变型　多发于 20～50 日龄的雏山鸡。在感染肾病变型的传染性支气管炎毒株时，由于肾脏功能受到损害，病山鸡除有呼吸道症状外，还可引起肾炎和肠炎。肾病变型支气管炎的症状呈二相性：第一阶段有几天呼吸道症状，随后又有几天症状消失的“康复”阶段；第二阶段就开始排水样白色或绿色粪便，并含有大量尿酸盐。病山鸡失水，表现虚弱嗜睡，鸡冠褪色或呈蓝紫色。肾病变型传染性支气管炎病程一般比呼吸器官型稍长（12～20 d），死亡率也较高，可达 20%～30%。

【病理变化】主要病变在呼吸道。在鼻腔、气管、支气管内，可见有淡黄色半透明的浆液性、黏液性渗出物，病程稍长的变为干酪样物质并形成栓。气囊可能混浊或含有干酪性渗出物。产蛋山鸡卵泡充血、出血或变形；输卵管短粗、肥厚，局部充血、坏死。雏山鸡感染本病则输卵管损害是永久性的，长大后一般不能产蛋。肾病变型支气管炎除呼吸器官病变外，可见肾肿大、苍白，肾小管内尿酸盐沉积而扩张，肾呈花斑状，输尿管尿酸盐沉积而

变粗。心、肝表面也有沉积的尿酸盐似一层白霜。有时可见法氏囊炎症和出血症状。

【防控措施】传染性支气管炎预防应考虑减少诱发因素，提高鸡只的免疫力。清洗和消毒山鸡舍后，引进无传染性支气管炎疫情山鸡场的雏山鸡，搞好雏山鸡饲养管理，山鸡舍注意通风换气，防止过于拥挤，注意保温，适当补充雏山鸡日粮中的维生素和矿物质元素，制定合理的免疫程序。

接种疫苗是目前预防传染性支气管炎的主要措施之一。用于预防传染性支气管炎的疫苗主要分为灭活苗和弱毒苗两类。

（1）灭活苗　采用本地分离的病毒株制备灭活苗是一种有效的方法，但由于生产条件的限制，目前未被广泛应用。

（2）弱毒苗　单价弱毒苗目前广泛应用的是从荷兰引进的 H120、H52 株。H120 对 14 日龄雏山鸡安全有效，免疫 3 周保护率达 90%；H52 对 14 日龄内的山鸡会引起严重反应，不宜使用，所以目前常用的免疫程序为 10 日龄接种 H120、30～45 日龄接种 H52。

新城疫和传染性支气管炎二联苗由于存在着传染性支气管炎病毒在山鸡体内对新城疫病毒有干扰的问题，所以在理论上和实践上对此种疫苗的使用价值一直存有争议，但由于使用上较方便，并节省资金，应用者也较多。

以上各疫苗的接种方法、剂量及注意事项，应严格按说明书进行操作。

【治疗方法】对传染性支气管炎目前尚无有效的治疗方法，常用中西医结合的对症疗法。实际生产中山鸡群常并发细菌性疾病，所以采用一些抗菌药物有时也比较有效。对肾病变型传染性支气管炎的病山鸡，采用口服补液盐、0.5%碳酸氢钠、维生素 C 等药物投喂能起到一定的效果。

九、组织滴虫病

组织滴虫病是山鸡的一种原虫病，以肝脏坏死和盲肠溃疡为特征。多发于雏山鸡，成年山鸡也能感染，但病情较轻。

【病原学】组织滴虫为多样性虫体，大小不一。非阿米巴阶段的组织滴虫近似球形，直径为 3～16 μm。阿米巴阶段虫体是高度多样性的，常伸出一个或数个伪足，有一个简单粗壮的鞭毛；有一个大的小楣和一根完全包在体内的轴刺；副基体呈 V 形，位于核的前方；细胞核呈球形、椭圆形或卵圆形，平均大小为 2.2 μm×1.7 μm。

【流行病学】许多鹑类都是组织滴虫的宿主。山鸡也可被感染，但很少呈现症状。受易感性和感染方法及感染量的影响，宿主对感染因素的反应是不同的。死亡率常在感染后大约第 17 天达到高峰，然后在第 4 周末下降。虽然组织滴虫病的死亡率一般较低，但也有死亡率超过 30%的报道。我国山鸡组织滴虫病报道较少。

【临床症状】组织滴虫病是由于组织滴虫钻入盲肠壁繁殖后进入血流和寄生于肝脏所引起的，潜伏期为 7～12 d，最短为 5 d，最常发生在 11 d。病山鸡表现精神不振，食欲减退以至废绝，羽毛蓬松，翅膀下垂，闭眼，畏寒，下痢，排淡黄色或淡绿色粪便，严重者粪中带血甚至排出大量血液。病的末期，有的病山鸡因血液循环障碍，鸡冠发绀，因而有“黑头病”之称。病程通常为 1～3 周。病愈康复山鸡体内仍有组织滴虫，带虫者可长达数周或数月。成年鸡很少出现症状。

组织滴虫病的主要病变发生在盲肠和肝脏，引起盲肠炎和肝炎，故有人称本病为盲肠肝炎。一般仅一侧盲肠发生病变，有时为两侧。在感染后的第 8 天，盲肠先出现病变，盲肠壁增厚和充血。从黏膜渗出的浆液性和出血性渗出物充满盲肠腔，使肠壁扩张；渗出物常发生干酪化，形成干酪样盲肠肠心。随后盲肠壁溃疡，有时发生穿孔，从而引起全身腹膜炎。肝脏病变常出现在感染后的第 10 天，肝脏肿大，呈紫褐色，表面出现黄色或黄绿色的局限性圆形、下陷的病灶，直径达 1 cm，达豆粒大至指头大。下陷的病灶常围绕着一个成同心圆的边界，边缘稍隆起。

【防控措施】由于组织滴虫是通过异刺线虫虫卵传播的，所以有效的预防在于减少或杀灭虫卵。阳光照射和排水良好的山鸡场可降低虫卵的活力，因而利用阳光照射和干燥可最大限度地杀灭异刺线虫虫卵。雏山鸡应饲养在清洁且干燥的山鸡舍内，与成年山鸡分开饲养，以避免感染本病。另外，应对成年山鸡进行定期驱虫。

十、葡萄球菌病

葡萄球菌病是由金黄色葡萄球菌引起的雏鸡传染病。该病有多种类型，给山鸡养殖造成较大损失。临床表现呈现急性败血症状、关节炎、雏山鸡脐炎、皮肤（包括翼尖）坏死和骨膜炎。雏山鸡感染后多为急性败血病的症状和病理变化，中雏山鸡为急性或慢性，成年山鸡多为慢性。雏山鸡死亡率较高，是山

鸡养殖业中危害严重的疾病之一。

【病原学】典型的葡萄球菌为圆形或卵圆形，直径0.7～1.0 μm，常呈单个、成对或葡萄状排列。在固体培养基上生长的细菌呈葡萄状，致病性菌株的菌体稍小，且各菌体的排列和大小较为整齐。本菌易被碱性染料着色，革兰氏染色阳性。衰老、死亡或被中性粒细胞吞噬的菌体为革兰氏阴性菌。无鞭毛和荚膜，不产生芽孢。葡萄球菌对营养要求不高，普通培养基上生长良好，培养基中含有血液、血清或葡萄糖时生长更好。最适生长温度为37 ℃，最适pH为7.4。在普通琼脂平皿上形成湿润、表面光滑、隆起的圆形菌落，直径1～2 mm。菌落依菌株不同形成不同颜色，开始呈灰白色，继而为金黄色、白色或柠檬色。菌株室温条件下产生色素。血液琼脂平板上生长的菌落较大，有些菌株菌落周围还有明显的溶血环（β溶血），产生溶血菌落的菌株多为病原菌。在普通肉汤中生长迅速，初混浊，管底有少量沉淀。不同菌株的生化特性不相同，多数菌株能分解乳糖、葡萄糖、麦芽糖和蔗糖，产酸不产气，致病菌株多能分解甘露醇，产酸，非致病菌则无此作用。还原硝酸盐，不产生靛基质。

葡萄球菌对理化因子的抵抗力较强。对干燥、热（50 ℃ 30 min）、9%氯化钠都有较大的抵抗力。在干燥的脓汁或血液中可存活数月，反复冷冻30次仍能存活。加热70 ℃ 21 h、80 ℃ 30 min才能将其杀死，煮沸可迅速使之死亡。一般消毒药中，以石炭酸的消毒效果较好，3%～5%石炭酸10～15 min、70%乙醇数分钟、0.1%升汞10～15 min可杀死本菌。0.3%过氧乙酸有较好的消毒效果。对青霉素、金霉素、红霉素、新霉素、氯霉素、卡那霉素和庆大霉素敏感。近年来，由于广泛使用或滥用抗生素，耐药菌株不断增多，因此，在临床用药前最好进行药敏试验，以选用最敏感药物。

【流行病学】任何日龄的山鸡甚至鸡胚均可感染本病。虽然4～6周龄的雏山鸡极其敏感，但实际上发生在40～60日龄的中雏最多。金黄色葡萄球菌广泛分布在自然界的土壤、空气、水、饲料、物体表面，以及山鸡的羽毛、皮肤、黏膜、肠道和粪便中。季节和品种对本病的发生无明显影响，平养和笼养均可发生，但以笼养为多。本病的主要传染途径是皮肤和黏膜创伤，但也可能通过直接接触和空气传播，雏山鸡通过脐带感染也是常见的传染途径。

山鸡群过大、拥挤，通风不良，山鸡舍空气污浊，如氨气浓度过大，山鸡舍卫生太差，饲料单一、缺乏维生素和矿物质及存在某些疾病等因素，均可导致葡萄球菌病的发生和增大死亡率。

【临床症状】葡萄球菌病可以急性或慢性发作，这取决于侵入山鸡血液中的细菌数量、毒力和卫生状况。急性败血型病山鸡出现全身症状，精神不振或沉郁，不爱跑动，常呆立一处或蹲伏，两翅下垂，缩颈，眼半闭呈嗜睡状。羽毛蓬松零乱，无光泽。病山鸡食欲减退或废绝。少部分病山鸡下痢，排出灰白色或黄绿色稀粪。较为突出的症状为病山鸡可见腹胸部，甚至波及嗉囊周围，大腿内侧皮下浮肿，潴留数量不等的血样渗出液体，外观呈紫色或紫褐色，有波动感，局部羽毛脱落，或用手一摸即可脱掉，其中有的病山鸡可见自然破溃，流出茶色或紫红色液体，与周围羽毛粘连，局部污秽。有部分病山鸡在头颈、翅膀背侧及腹面、翅尖、尾、脸、背及腿等不同部位的皮肤出现大小不等的出血、炎性坏死，局部干燥结痂，暗紫色，无毛；早期病例，局部皮下湿润，暗紫红色，溶血，糜烂。

（1）关节炎型　病山鸡可见关节炎症状，多个关节炎性肿胀，特别是趾和跖关节肿大为多见，呈紫红或紫黑色，有的破溃，并结成乌黑色痂。有的出现趾瘤，脚底肿大，有的趾尖发生坏死，呈紫黑色，较干涩。发生关节炎的病山鸡表现跛行，不喜站立和走动，多伏卧，一般仍有饮欲、食欲，多因采食困难、饥饱不匀，病山鸡逐渐消瘦，最后衰弱死亡，尤其在大群饲养时较为明显。此型病程多为 10 d。有的病山鸡趾端坏疽，干脱。如果发病山鸡群有鸡痘流行，部分病山鸡还可见到鸡痘的病状。

（2）脐炎型　是引发孵出不久雏山鸡脐炎的一种葡萄球菌病的病型，可对雏山鸡造成一定危害。由于某些原因，鸡胚及新出壳的雏山鸡脐环闭合不全，葡萄球菌感染后，可引起脐炎。病山鸡除一般病症外，可见腹部膨大，脐孔发炎肿大，局部呈紫黑色，质稍硬，间有分泌物。饲养员常称其为“大肚脐”。脐炎病山鸡可在出壳后 2～5 d 死亡。

（3）急性败血型　肉眼观察是胸部病变，可见死山鸡胸部和前腹部羽毛稀少或脱毛，皮肤浮肿、呈紫黑色，有的自然破溃致局部沾污。剪开皮肤可见整个胸和腹部皮下充血、溶血，呈弥漫性紫红色或黑红色，积有大量胶冻样粉红色或黄红色水肿液，水肿可延至两腿内侧、后腹部，前至嗉囊周围，但以胸部为多。同时，胸腹部甚至腿内侧见有散在出血斑点或条纹，特别是胸骨柄处肌肉弥散性出血斑或出血条纹较明显，病程长的山鸡还可见轻度坏死。肝脏肿大，呈淡紫红色，有花纹或斑驳样变化，小叶明显。在病程稍长的病例，肝脏可见数量不等的白色坏死点。脾肿大，呈紫红色，病程稍长者也有白色坏死

点。腹腔脂肪、肌胃浆膜等处，有时可见紫红色水肿或出血。心包积液，呈黄红色半透明。心冠状沟脂肪及心外膜偶见出血。有的病例还见肠炎变化。腔上囊无明显变化。在发病过程中，也有少数病例无明显外观病变，但可分离出病原。

（4）关节炎型　可见关节炎和滑膜炎，部分关节肿大，滑膜增厚，充血或出血，关节囊内有或多或少的浆液，或有浆液性纤维素渗出物。病程较长的慢性病例，变成干酪样坏死，甚至关节周围结缔组织增生及畸形。雏山鸡以脐炎为主的病例，可见脐部肿大，呈紫红或紫黑色，有暗红色或黄红色液体，时间稍久则为脓样坏死物。肝脏有出血点。卵黄吸收不良，呈黄红或黑灰色，液体状或内混絮状物。病山鸡体表不同部位可见皮炎、坏死，甚至坏疽变化。有鸡痘同时发生时，则有相应的病变。

【防控措施】葡萄球菌病是一种环境性疾病，为预防本病的发生，主要是做好常规性的预防工作。

（1）防止发生外伤　创伤是引发本病的重要原因，因此，在山鸡饲养过程中，应尽量避免和消除使山鸡发生外伤的因素，如笼架结构要规范化，装备要配套、整齐，笼网等要细致平滑，防止铁丝等尖锐物品引起皮肤损伤的发生，从而防止葡萄球菌的侵入和感染。

（2）做好皮肤外伤的消毒处理　在断喙、戴翅号（或脚号）、剪趾及免疫刺种时，要做好消毒工作。除发现外伤要及时治疗外，还需针对可能发生的原因，采取预防办法，如为了避免刺种免疫引起感染，可改为气雾免疫法或饮水免疫；鸡痘刺种时做好消毒工作，可采用添加药物进行预防等。鸡痘的发生常是鸡群发生葡萄球菌病的重要因素，因此，平时做好鸡痘免疫十分重要。

（3）加强饲喂　供给必需的营养物质，特别要供给足够维生素和矿物质元素；山鸡舍内要适时通风和保持干燥；山鸡群密度不宜过大，避免拥挤，有适当的光照，适时断喙，防止或减少啄伤的发生，并使山鸡有较强的体质和抗病力。

（4）搞好鸡舍卫生及消毒工作　做好鸡舍、用具、环境的清洁卫生及消毒工作，对减少环境中的含菌量、消除传染源、降低感染概率、防止本病的发生十分重要。做好孵化过程中的卫生及消毒工作，要注意种蛋、孵化器及孵化全过程中的清洁卫生及消毒工作，防止工作人员（特别是雌雄鉴别人员）接触葡萄球菌，引起雏山鸡感染或发病，甚至散播疫病。

(5) 预防接种　发病较多的山鸡场，为了控制该病的发生和蔓延，可用葡萄球菌多价疫苗给 20 日龄左右的雏山鸡注射。

【治疗方法】一旦山鸡群发病，要立即全群给药治疗。成年山鸡按每只 10 万 U 肌内注射链霉素，每日 2 次，连用 3～5 d。或按浓度 0.1%～0.2%饮水。黄芩、黄连、焦大黄、板蓝根、茜草、大蓟、建曲、甘草各等份混合粉碎，每只山鸡口服 2 g，每天 1 次，连服 3 d。

十一、啄癖

啄癖也称异食癖、恶食癖、互啄癖，是多种营养物质缺乏及其代谢障碍所导致的复杂味觉异常综合征。各日龄山鸡均可发生，但以雏鸡时期为最多，轻者啄伤翅膀和尾，造成流血伤残，影响生长发育和外观；重者啄穿腹腔，造成较大的经济损失。

【啄癖种类】雏山鸡和蛋山鸡换羽期容易发生啄羽癖，多与缺乏含硫氨基酸、硫和 B 族维生素有关。啄肉癖在各日龄山鸡均可发生，互啄羽毛或啄脱落的羽毛，致使皮肉暴露出血后，发展为啄肉癖。啄肛癖在各日龄山鸡均可发生，多见于高产笼养山鸡群或开产山鸡群，由于过大的蛋排出时努责时间较长造成脱肛或撕裂，高产山鸡母鸡发病较多。发生腹泻的雏山鸡由于肛门带有腥臭粪便，所以也常发生啄肛癖。啄蛋癖在产蛋旺季种山鸡易发生，多因饲料缺钙或蛋白质含量不足，常伴有薄壳蛋或软壳蛋。啄趾癖在雏山鸡易发生，多见脚部被外寄生虫侵袭而发生病变的山鸡等。各种营养不良的山鸡均易发生异食癖。

【啄癖原因】山鸡生性好动，易发生啄斗行为。研究证明，山鸡啄癖的遗传力达 0.57，为高遗传力，所以通过育种可减少啄癖的发生。内分泌也可影响啄癖发生，山鸡母鸡一般比山鸡公鸡发生率高，开产后 1 周内为多发期。早熟山鸡母鸡比较神经质，易发生啄癖。饲喂少量睾酮，可减少啄癖发生。

日粮配合不当，日粮中蛋白质含量偏低，赖氨酸、蛋氨酸、亮氨酸、色氨酸和胱氨酸中的一种或几种含量不足或过高，造成日粮中的氨基酸不平衡，粗纤维含量过低，均可导致啄癖发生。采食霉变饲料引起皮炎及瘫痪，也可引起啄癖。

饲养管理不完善，如通风不良、有害气体浓度高、光线不适、温度和湿度不适宜、密度太大等都可引起啄癖。饲养密度过大，导致空气污浊，引起啄

羽、啄肛和啄趾，山鸡群生长发育不整齐，采食和饮水位置不足和随意改变饲喂次数、推迟饲喂时间，也会导致啄斗。温度、湿度不适宜，通风不畅也易引起啄癖。与散养山鸡群相比，舍饲或笼养的山鸡群，每天供料时间短而集中，使大部分时间处于休闲状态，促使啄癖行为的发生。外寄生虫可使山鸡啄食自体脚上的皮肤鳞片和痂皮，发生自啄出血而引起互啄。球虫病、大肠杆菌病、鸡白痢、消化不良等病症可引起啄羽和啄肛。患有慢性肠炎造成营养吸收差，会引起互啄。

笼养山鸡饲料供应充足，无须觅食，缺乏运动，尤其是活动受限制，没有沙浴等，使山鸡处于一种单调无聊的状态，导致山鸡发生互啄，从而养成啄癖。

【防控措施】合理搭配日粮，日粮中的氨基酸最低量比例分别为蛋氨酸0.7%，色氨酸0.2%，赖氨酸1.0%，亮氨酸1.4%，胱氨酸0.35%；添加量为每千克饲料维生素 B_2 2.60 mg，维生素 B_6 3.05 mg，维生素A 1 200 IU，维生素D 3 110 IU等。如果是因营养性因素诱发的啄癖，可暂时调整日粮组合，如育成山鸡可适当降低能量饲料，而提高蛋白质含量，增加粗纤维。在饲料中增加蛋氨酸含量，也可将饲料中食盐含量增加到0.5%～0.7%，连续饲喂3～5 d，但要保证给予充足的饮水。若缺乏微量元素铜、铁、锌、锰、硒等，可用相应的硫酸铜、硫酸亚铁、硫酸锌、硫酸锰、亚硒酸钠等补充；常量元素钙、磷不足或不平衡时，可用骨粉、磷酸氢钙、贝壳粉或石粉进行补充和平衡。盐缺乏时，可在饲料中加入适量的氯化钠。如果发生啄癖，可用1%的氯化钠饮水2～3 d，饲料中氯化钠用量达3%左右，而后迅速降为0.5%左右，以治疗缺盐引起的啄癖。如日粮中鱼粉用量较高，可适当减少食盐用量。缺乏硫时，可连续3 d在饲料中加入1%硫酸钠予以治疗，见效后改为0.1%常规用量。而在产蛋山鸡日粮中加入0.4%～0.6%硫酸钠对治疗和预防啄癖比较有效。

定时饲喂，最好用颗粒料代替粉状料，在避免造成浪费的同时，也能有效防止因饥饿引起的啄癖。山鸡在适当时间进行断喙，如有必要可采用二次断喙，同时饲料中添加维生素C和维生素K，防止应激，可有效防止啄癖的发生。定时驱虫，包括内外寄生虫的驱除，以免发生啄癖后难以治疗。如果发生啄癖，应立即将被啄山鸡隔离饲养，伤口上涂抹一层机油或煤油等具有难闻气味的物质，防止山鸡再被啄及该山鸡群发生互啄。改善饲养管理环境，使山鸡舍通风良好，饲养密度适中，温度适宜，天气热时要降温，光线不能太强，最好将门窗玻璃和灯泡上涂上红色、蓝色或蓝绿色等，都可有效防止啄癖的发生。为改变已形成的啄癖，可在笼内临时放入有颜色的乒乓球或在舍内系上芭蕉叶等物品，让山鸡啄之，分散注意力。

十二、维生素A缺乏症

维生素A缺乏症是由日粮中维生素A供给不足或消化吸收障碍所引起的，以夜盲，黏膜、皮肤上皮角质化、变质，生长停滞，干眼症为主要特征的一种营养代谢疾病。维生素A能维持山鸡正常视觉和黏膜上皮细胞的正常结构，调节有关营养物质的代谢，促进山鸡生长发育、繁殖和孵化所必需的营养物质，因此应引起重视。维生素A大量存在于动物性饲料中，如鱼肝油、牛奶、卵黄、血液、肝脏和鱼粉等。所有植物性饲料中均无维生素A，如青绿饲料、优质干草、甘薯、青贮料和胡萝卜等富含胡萝卜素，在机体内通过胡萝卜素酶的作用可转化成维生素A，并贮存于肝脏中供机体利用。

【病因】饲料中维生素A的含量不足、山鸡的需要量增加或饲料中维生素受到破坏；山鸡本身维生素A吸收、转化障碍；山鸡舍冬季潮湿，阳光不足，空气不流通；山鸡缺乏运动，矿物质饲料不足时，都可引发本病。

【临床症状】如果产蛋山鸡母鸡的饲料中维生素A不足，则产出的蛋所孵化的山鸡在1周龄时即可发病。若山鸡母鸡饲料中维生素A充足，而初生雏山鸡饲料中缺乏维生素A，一般在6～7周龄时出现症状。成年山鸡发病日龄多在2月龄以后至开产前后。

雏山鸡缺乏维生素A时表现为精神不振，羽毛脏乱，生长发育不良，食欲减退，消瘦，行动迟缓，呆立，两脚无力，步态不稳，喙和脚爪的黄色变浅。病情发展到一定程度时，鼻腔有分泌物，初为水样，逐渐变为脓性黏液。眼睛流泪，初期为无色透明，后变为黏液状物，眼睑肿胀，眼内积聚有白色干酪样物，使上下眼睑黏合而睁不开，眼球凹陷，角膜混浊呈云雾状，严重时发生角膜穿孔，半失明或失明。有的病山鸡后期可能出现运动失调、转圈、打滚等神经症状，最后因极度衰竭而死。眼部症状是病山鸡的特征性症状，如果不及时加以治疗，死亡率可达90%以上。成年山鸡缺乏维生素A时，主要表现为产蛋率、种蛋孵化率和受精率下降，抗病力减弱，鸡冠、腿、爪颜色发淡，病情严重时出现腿部病变，与雏山鸡的症状相似，山鸡群的呼吸道和消化道黏膜抵抗力降低，易诱发其他传染病。

【病理剖检】剖检时，可见到病山鸡口腔、咽、食道或鼻腔黏膜上有散在的白色小结节，突出于黏膜表面，有时融合成片，成为灰白色假膜覆盖在黏膜表面，气管黏膜附着一层白色鳞片状角质化上皮。内脏器官有白色尿酸盐沉积，肾脏、心脏和肝脏等器官表面常有白色尿酸盐覆盖，输尿管扩张1～2倍，胆囊肿胀，胆汁浓稠。雏山鸡的尿酸盐沉积一般比成年山鸡严重。

【诊断】根据维生素A缺乏症的发病特点、临床症状及病理剖检等可作出初步诊断，但确诊要进行实验室化验。正常山鸡血浆中维生素A含量为10 μg以上，如在5 μg以下，即可确诊。

【防控措施】在预防上主要是根据不同的生理阶段来配制日粮，以保证山鸡的生理和生产需要；饲料不宜放置过久，如需保存，应防止饲料酸败、发酵、产热和氧化，以免维生素A或胡萝卜素遭到破坏；配制日粮时，应考虑饲料中实际具有的维生素A活性，最好现配现用，及时治疗肝、胆及胃肠道疾病，以保证维生素A的正常吸收、利用、合成和贮藏。

【治疗方法】发生维生素A缺乏症时，按每千克饲料中添加鱼肝油5 mL，连用2周，对急性病例的疗效较好，大多数病山鸡可很快恢复健康。成年病重山鸡每日口服1～2滴鱼肝油，连续7 d。

十三、维生素D缺乏症

维生素D的主要作用是促进肠黏膜对钙、磷的吸收，增加其在血液中的含量，同时具有抑制甲状旁腺分泌、增加肾小管对磷的再吸收作用。因此，维生素D是调节山鸡钙、磷代谢的重要物质之一。

【病因】维生素D不足或缺乏，在一定程度上与日粮中钙、磷含量有关。当日粮中维生素D含量不足或山鸡本身患有胃肠道消耗性疾病时，即可发生佝偻病（数周龄至数月龄山鸡）或骨软症（成年山鸡）。

【临床症状】雏山鸡维生素D缺乏时，生长迟缓，发育不良，步态不稳，左右摇摆，常以跗关节蹲伏。

产蛋山鸡维生素D缺乏时，初期出现产薄壳蛋或软壳蛋，继而产蛋量明显下降，甚至停产，种蛋孵化率降低，严重时双腿软弱无力，呈现“企鹅型”蹲伏姿势，有时瘫痪不能行走，喙、爪、龙骨和胸骨变软弯曲。

【防控措施】改善饲养管理条件，补充维生素D，使病山鸡处于光线充足、通风良好的山鸡舍内，合理调配日粮，注意日粮中钙、磷比例，饲喂含有充足维生素 D 的混合饲料。雏山鸡和青年山鸡每千克饲料中维生素 D 含量应不少于 200 IU；产蛋山鸡的每千克饲料中维生素 D 为 200～500 IU。

【治疗方法】雏山鸡佝偻病可一次性大剂量饲喂维生素 D 1.5 万～2.0 万 IU（仅饲喂 1 次），或肌内注射维生素 D 31 万 IU（仅注射 1 次）。过量维生素 D 可引起雏山鸡中毒，因此一定要控制剂量。

十四、脱肛

脱肛多发生于开产后的初产期和盛产期，多见于高产山鸡。

【病因】日粮中粗纤维含量过低，饲料的营养浓度过大，啄癖等均可引发脱肛。如产蛋山鸡摄入的粗纤维过多，也可导致山鸡消化不良和腹泻，进而发生脱肛。维生素 A、维生素 D 缺乏、钙磷比例失调等也会造成脱肛。过早地补充光照或无规律性地延长光照时间、增加光照度，会造成山鸡母鸡过度兴奋、神经敏感、互相啄斗、性成熟过早、提早产蛋或打乱产蛋规律而引起难产脱肛。此外，在盛产期若光照不足也会使日粮中的钙不能被充分吸收利用，导致脱肛。笼养山鸡因运动量不足，特别是在冬春季节，舍温较低，山鸡易患腿病，不能站立，腹部下垂，引起腹内压增高而导致脱肛。产蛋山鸡过胖也会导致脱肛。

大肠杆菌病、沙门氏菌病、慢性禽霍乱等腹泻性疾病可导致机体中气下陷，肛门失禁，导致脱肛。病原微生物生长繁殖也会导致肠道、肛门、输卵管及泄殖腔并发炎症，诱发脱肛。长期饲喂霉变腐败饲料会导致消化道炎症，引起腹泻，导致脱肛。腹腔肿瘤也易引起山鸡母鸡脱肛。

雏山鸡阶段未断喙或断喙不合理，到产蛋日龄时会因自啄或互啄而引起脱肛。山鸡母鸡产蛋时受惊吓，或有啄癖的山鸡啄产蛋山鸡外翻的肛门时也可造成脱肛。种山鸡人工授精时，工作人员操作方法不当，如翻肛时用力过猛或操作时间过长，使翻出体外的泄殖腔不易复位，输精时器械造成泄殖腔或输卵管损伤出血等，都易引起脱肛。

【防控措施】严格按照山鸡不同生长阶段的营养需要科学配制日粮，确保日粮中各种营养成分比例适当和合理。育成期应注意控制日粮营养浓度和蛋白质含量，使山鸡保持中等体况，防止山鸡母鸡早产或超重。开产前，降低日粮中蛋白质含量，增加能量浓度，促进体成熟；开产后再适度提高蛋白质含量，适当控制能量浓度；在产蛋高峰期，应保证维生素 A、维生素 E、维生素 D 和

钙、磷等矿物质元素的合理供给。

保证合理光照。育成山鸡光照时间应控制在9 h以内，不宜超过11 h，开产后逐渐延长到14～16 h，到淘汰前4周再逐渐增加到17 h，直至淘汰。光照应保持相对稳定，切忌忽长忽短、忽弱忽强，同时保证舍内不能留有光照死角。山鸡群按大小、强弱分群，饲养密度以5～6只/m^2为宜。保证环境卫生，山鸡舍内外和饲喂工具定期消毒，粪便及时清除，加强通风换气，供应充足的清洁饮水，适当增加运动，多晒太阳。

保持山鸡舍安静、洁净、干燥和通风，严禁在山鸡舍周围燃放烟花爆竹，防止山鸡群受到惊吓。饲养员要相对固定，闲杂人员不得进入山鸡舍。饲喂制度不得随意更改，更换饲料时应有一定的过渡期。堵塞山鸡舍内的墙洞、门窗、通气孔等要用铁丝网，防止鼠、猫、犬、鸟等进入山鸡舍。

平时注意观察山鸡的精神状况及泄殖腔周围有无粪便污染，发现有腹泻症状，应及时查找原因，进行对症治疗，禁用霉败饲料喂山鸡。雏山鸡在6～9日龄时用电热断喙器或电烙铁断喙。30日龄时再认真检查，酌情补断。在开产前或上笼时再修喙，保持上喙短，下喙长，圆滑无尖。

【治疗方法】一旦发现脱肛山鸡，应立即进行隔离，重症山鸡大都愈后不良，没有治疗价值，所以宜及早作淘汰处理。对症状较轻的山鸡，可用1%的高锰酸钾溶液或3%明矾水（38 ℃）将脱出部位洗净，随后热敷，并用手将脱出部位送入泄殖腔内，然后涂上消毒药水，撒敷消炎粉或土霉素粉，以防继发感染；对症状较重的山鸡，除采取上述方法外，还可酌情作烟包式缝合。缝合前，必须先取出留在泄殖腔中的蛋，缝合处留出排粪孔。治疗期间，需实行限饲或停饲，使之停产并减少排粪，同时加强饲养管理，保持环境安静、干燥、温暖，供应充足的清洁饮水。

第八章 养殖场建设与环境控制

第一节　养殖场选址与建设

饲养场地是山鸡养殖的基本条件之一。要因地制宜，根据饲养场地的生产任务和饲养工作的性质，科学合理地进行场址场地设计以及鸡舍建筑的规划。养殖场址选择的基本原则首先要满足饲养需要，其次要利于防疫，再次要根据需要选择自动化设备，提高现场生产效率，节省劳动力，降低成本。

一、地势

理想的地势要平坦或稍有坡度，地势相对较高，面南或东南，向阳背风，阳光充足，干燥且排水良好，通风也要良好，但不宜建在风口，北方冬季要避开西北风的侵袭。山鸡场切忌建在低洼潮湿之处，因病原微生物在潮湿的环境下易于生长繁殖，会造成山鸡群发病频繁，而且积水不易排除。地形要求平整，尽量少占或不占耕地。

二、交通

山鸡场的建设与其他畜禽场建设基本一致，要选择靠近饲料来源地以及产品销售处，以方便饲料的运输和产品销售。中国山鸡生活习性有别于家鸡，胆小怕人，视觉和听觉灵敏，易受惊吓而乱飞乱跳，因此饲养场地的环境一定要保持安静，避免噪声干扰。需远离其他畜禽养殖场、工业区、居民点、集贸市场和屠宰加工场等易于传播疾病的地方，远离震动较大、粉尘严重的工矿区、电镀厂、农药厂和化工厂等污染严重的企业，以防孵化时震伤胚胎或使成年山

鸡受到惊吓，以及中毒等严重事故的发生。不要在旧鸡场上建场或扩建。最好附近有大片土地，以便于粪便处理。

三、土壤

土壤要求未被污染过，土质最好是石灰质和沙壤土，这种土质透气、透水性良好，以便保持场地干燥。

四、水源

水源应保证充足、洁净，最好附近有流动河水。中大型山鸡场应自备有深井，以满足夏季最大耗水量。水质良好，无污染，澄清，无异味。建场前应对水质酸碱度、硬度等进行检验，以保证生产安全。水污染和无机盐过量会使山鸡的生产性能下降。

第二节　笼舍建筑的基本原则

中国山鸡饲养的各种房舍和设施的分区规划要从便于防疫和组织生产出发。首先应考虑保护人的工作和生活环境，尽量使其不受饲料粉尘、粪便、气味等污染；其次要注意生产山鸡群的防疫卫生，杜绝污染源对生产区的环境污染。总之，应以“人为先、污为后”的原则排序。一般分为生产、行政、生活、辅助生产、粪污处理等区域。

一般行政区和生产辅助区相连，有围墙隔开，而生活区最好自成一体。通常生活区距行政区和生产区 100 m 以上。粪污处理区应在主风向的下方，与生活区保持较远的距离。各区排列顺序按主导风向、地势及水流方向，依次为生活区、行政区、辅助生产区、生产区和粪污处理区。地势与风向不一致时，则以风向为主；风向与水流方向不一致时，则以风向为主。

根据不同的用途，可分为以下几类。

一、生产用房

生产用房主要包括孵化室、育雏舍、中雏舍、大雏舍、生产舍和种山鸡舍。

1. 孵化室　孵化室的设计和布局是影响孵化率和雏山鸡健康的重要条件之一。孵化室应与外界隔绝，水电资源供应充足，配有良好的通风设备，空气新鲜，室内小气候稳定。设计时要配合孵化设施的安装，以防止出现由于设施过大而无法装入孵化室的情况。四周墙壁应便于清洗和消毒。孵化室要严格遵守消毒规定，进入孵化室的工作人员和一切物件均需依照消毒规定进行消毒，杜绝外来传染源的进入。孵化室内设种蛋检验室、贮蛋室、洗涤室、孵化室、出雏室、雏山鸡存放室、雌雄鉴别室以及杂物间等。

种蛋检验室面积要足够宽敞，以便存放蛋盘，并且要有足够空间供蛋架车运转，室温要保持在 18～20 ℃。贮蛋室的室温要保持在 13～15 ℃，条件允许时可以装配制冷设备。洗涤室设在孵化室和出雏室内，蛋盘和出雏盘洗涤处要分开，以防止微生物互相传染。

出雏室应满足容纳刚出壳雏山鸡的需求，保持良好的卫生条件，有足够的区域以方便雏山鸡的出入，温度略高于孵化室。雏山鸡存放室和雌雄鉴别室温度应保持在 29～31 ℃。雏山鸡存放室应经常打扫，定期消毒，以保证雏山鸡的健康。雌雄鉴别室应有足够的操作空间。

杂物间用来存放用具，注意蛋盘和出雏筐以及备用的山鸡笼要分开放置，以防微生物交叉感染。另外，在进蛋和发送雏山鸡的进出口处，要有单独的通道，以便装卸种蛋和发送雏鸡不受外界环境的影响。孵化室除了安置一定数量的孵化器外，还要有便于活动的工作区域，大门应方便蛋架的进出，以便入孵种蛋的预热。卫生条件要保持良好，室温保持在 22～24 ℃。

2. 育雏舍　山鸡育雏舍是繁育雏山鸡的专用山鸡舍，是雏山鸡昼夜生活的小环境，人工育雏需要保持相对稳定的温度，所以育雏舍建筑的合理性，直接影响着雏山鸡的生长和发育。雏山鸡体温的调节能力差，所以育雏舍的建筑必须有利于保温。建造育雏舍时，应注意房舍高度要低于正常山鸡舍，墙壁保温性能好，地面干燥，屋顶设天花板。此外，要注意合理通风，做到既保证空气新鲜，又不影响舍温。若为立体笼育雏，其最上层笼与天花板间的距离应为 1.5 m 左右。

育雏舍有密闭式和开放式两种，可根据气候条件及资金状况等进行选择。对于实行全年育雏的大型山鸡场，可选用密闭式育雏舍。密闭式育雏舍四周隔热良好，无窗（设有应急窗），舍内实行人工通风和灯光照明，通过调节通风量在一定程度上控制舍温及舍内湿度，使之尽可能地适应雏山鸡的生长需要，但此种育雏舍造价较高。对于中小型山鸡场，尤其天气炎热地区，可采用开放式育雏舍。这种山鸡舍采用单坡或者双坡单列式，跨度为 5～6 m，高度 2 m

左右，舍内采用水泥地面，山鸡舍南面设小运动场，面积为房舍面积的 1～2 倍，地面排水良好。

3. 中雏舍　根据中雏山鸡的生理特点，中雏山鸡舍要有足够的面积，以保证其生长发育的需要，使之具有良好的体质。中雏山鸡舍要保证冬暖夏凉，干燥透光，清洁卫生，换气良好。窗面积要大，窗地比占到 1/8 以上，要求后窗略小，前窗低而大。门和窗网的网眼为 2 cm×2 cm。舍外设有运动场。底部设置 1 m 高铁丝网，上部及顶部可用尼龙网，网高同舍檐高，网眼以不超过 4 cm×4 cm为宜，运动场为沙地，无沙地需要设置沙池。运动场的大小一般为笼舍面积的 1/2 倍，舍内采用水泥地面，并设有栖息架，可用木条、木棒或竹棒，一般分为悬挂式和平放式。

4. 大雏舍　由于育成大雏的时间多为夏季，所以大雏舍要做好防暑降温工作。考虑到山鸡的特性，运动场要相对宽阔，设置栖息架和遮阳设施，有遮蔽物，以供山鸡追打时躲藏使用。最好设置控温设施，保证通风良好，以利于大雏的生长发育，适时开产。

雏山鸡舍的具体面积和收容密度，应根据山鸡场的规模及其他客观条件，有计划地安排，合理利用资源，提高生产效率。根据现场的实际情况，以下几种划分方案可供参考。

（1）四段制　按照小雏山鸡、中雏山鸡、大雏山鸡、成年山鸡四个不同日龄阶段划分，适用于规模较小、设备简易的养殖场。

（2）三段制　按照小雏山鸡、中大雏山鸡、成年山鸡三个不同日龄阶段划分，将中雏山鸡和大雏山鸡作为一个育成阶段，减少一次转群。在规模较大的养殖场，多次转群不利于防疫，同时容易使山鸡受到伤害。

（3）二段制　即只有育雏山鸡舍和生产山鸡舍，小雏山鸡发育成熟之后直接转入生产舍。

（4）一段制　即整个生产过程中不进行转群，由小雏山鸡到生产山鸡再到淘汰，始终处于一栏（笼）内。

要根据饲养场的实际情况选择不同的饲养方式，以提高生产效率、降低成本为目的。

5. 生产舍　可分为蛋用和肉用两类。

（1）蛋用山鸡舍　建筑类型有开放式、密闭式以及综合式等几种，要根据不同生产条件加以选择。

目前，较大规模的蛋用山鸡养殖场均采用笼养方式，山鸡笼设置主要有叠层式、全阶梯式、半阶梯式、阶梯叠层复合式和单层平置式等类型，各种类型的使用应该考虑建筑模式，同时考虑饲养密度，以及通风和除粪等因素。

（2）肉用山鸡舍　建筑类型分为封闭式和开放式。封闭式山鸡舍四周无窗，采用人工光照和机械通风，为耗能型山鸡舍，小气候环境易于控制和管理。开放式山鸡舍即有窗山鸡舍，是利用外界自然资源的节能山鸡舍，一般无须动力通风，充分采用人工照明，缺点是受外界影响较大。

房舍结构的设计兼顾山鸡最佳环境的理论指标和建筑造价的经济指标，主要涉及山鸡舍的通风换气、保暖、降温、给排水和采光等因素。

6. 种山鸡舍　一般采用平养和笼养两种方式。平养山鸡舍采用开放式和密闭式，可根据不同的饲养条件来选择；笼养山鸡舍节约生产面积，而且能更准确和方便地开展育种工作。

二、饲料加工及储藏室

饲料加工间的规模和面积满足饲养生产的需要即可。储藏室要有足够的面积，室内要保持清洁干燥、通风良好、温度和湿度适宜。

三、生活用房

生活用房一般修建在养殖场外的生活区内，包括宿舍和食堂等。

四、行政用房

行政用房主要包括办公室、消毒间、技术室和实验室等。办公室应根据养殖场规模和经济状况设置。消毒间内最好设置更衣室。

第三节　场内主要设备

山鸡场的设备可以根据养殖规模自行选择。

孵化器是一般饲养场均需要选择的设备。目前市场已有山鸡蛋专用孵化器出售。出雏器可根据需求选择。照蛋器是孵化过程中必不可少的设备，一般购置孵化器时会附带照蛋器。

育雏设备多为加热保温设备和育雏笼等，目前小型饲养场多采用育雏伞加

热。育雏伞种类很多，可以根据需要进行选择。育雏笼可根据条件，选择单纯育雏笼或保温育雏笼。保温育雏笼的优点是可以降低雏山鸡对室温的依赖，进行分批育雏。

大型山鸡养殖场需要配置饲料粉碎机、混合机、切碎机和搅拌机等配合饲料设备。根据养殖规模的需要，配置适宜的料槽和水槽等设备。

为保证山鸡健康生长，要定期对山鸡舍和设备等进行消毒处理，所以要配置消毒器和除粪设备。因为山鸡野性较强，在平地散养时，捕捉需要专门的设备，简易的设备为隔网和捕山鸡网。隔网可以用铁丝做成框，中间用尼龙网，再安装固定的把手即可。为了防止山鸡运输过程中出现死亡等状况，最好配置专门的育雏箱和成年山鸡箱，目前市场上均有成品销售。为了节省成本，也可以根据需要利用木条和竹条等自制育雏箱和成年山鸡箱。

第九章
开发利用与品牌建设

目前中国山鸡是我国饲养的主要山鸡地方品种。据不完全统计，2018 年，中国山鸡饲养数量约 1 500 万只，因其独特性，在经历了 60 余年的发展，中国山鸡养殖业已进入平稳发展阶段。目前我国还没有国家或地方性质的中国山鸡保护计划，亟须通过国家层面出台相关措施，保护这一优质地方品种资源，以免其性状丢失。

第一节　产品开发

一、山鸡肉和肉制品

中国山鸡主要为肉用，兼顾蛋用，其肉质细嫩、滋味鲜美、野味浓郁、风味独特，是久负盛誉的山珍佳肴。山鸡肉是一种高蛋白、低脂肪和低胆固醇的野味珍品。胸肌和腿肌中的粗蛋白质含量分别比肉用鸡高 15.69%和 14.32%，山鸡肉的胆固醇含量比肉鸡低 50.62%。山鸡肉蛋白质和脂肪分布均匀，富含人体必需氨基酸和多种矿物质元素，易于消化和吸收，营养全面，不含致癌因子，是优良的滋补保健食品。山鸡肉还具有食疗作用，药用价值较高。肉味甘、酸、温，能补中益气，具有消食化积、利尿等功能。国内山鸡肉的深加工产品主要是罐头、腊山鸡、烤山鸡和八珍山鸡等，但均未形成规模化生产。

二、山鸡蛋和蛋制品

山鸡蛋内含有大量的磷脂质，其中约有一半是卵磷脂，还有部分脑磷脂、

真脂和微量的神经磷脂，这些磷脂质对促进脑组织和神经组织的发育有较好的作用。山鸡蛋中还含有大量的氨基酸，包括人体内所不能合成的8种必需氨基酸。目前山鸡蛋主要以食用鲜蛋为主，山鸡蛋制品还未得到有效开发利用，但少数厂家也开发了山鸡蛋的蛋粉，主要应用于婴幼儿食品、化妆品、医药领域，研制医药保健食品及卵磷脂软胶囊等，开发了液蛋和冰蛋，但生产规模均较小。研究表明，山鸡蛋中含有生物活性成分，可作为医药工业原料、第三代保健食品的原料及功能因子。近几年，新技术的应用，如超临界流体萃取技术、酶技术和超微粉碎技术等在国外得到了广泛的应用，更多含有各种天然生物活性成分、高附加值的禽蛋加工产品已进入人们的日常生活中，在医药、临床医疗、营养、化工、生物和美容领域发展的空间很大。采用发酵工程技术加工生产肽饮料，生产具有独特风味的休闲食品——铁蛋、加碘蛋、鱼油蛋、浓缩蛋液、冰蛋等系列产品，低胆固醇蛋液、蛋白多肽产品等也是蛋品开发利用的方向。更为重要的是，目前利用分子生物学的转基因技术生产功能性产品，在国际上受到极大的关注和重视。这类技术的成熟也将带来巨大的经济效益和社会效益，如鸡蛋里还能提取出护肤品和减肥药的蛋白等。又如“蛋黄精”是从蛋中抽取的精油，具有蛋黄的成分、色泽、香气和营养，呈油状，装入胶丸，其胆固醇只有鲜鸡蛋的1/30，被列为健康食品类，每天吃3颗胶丸就相当于3枚蛋黄的营养。因此，需要重视山鸡蛋中高附加值、天然活性物质的高效提取与产品开发关键技术，推进产品产业化进程。

三、山鸡蛋副产物

在山鸡蛋加工过程中，仅仅利用了其可食部分（蛋清和蛋黄），而大量的蛋壳和蛋壳内膜被扔弃，其质量占鸡蛋质量的11%～13%，既污染环境，又浪费资源。如果能将废弃的蛋壳和蛋壳内膜收集起来加以综合利用，不仅能提高资源利用率和避免环境污染，而且可大大提高经济效益。对于蛋壳膜的利用，日本一直处于国际领先水平，在1988年和1993年分别开发的两种制造蛋膜纸的方法，可以清除水中放射性元素和减少森林伐木。在食品领域，日本丘比公司以蛋壳膜为原料生产出可应用到食品中的蛋壳膜粉，又利用此蛋壳膜粉开发了一系列液态和固态的调味品。通过多年的研究，我国在鸡蛋壳膜的利用上已从简单的直接利用转为提取其重要的生物活性成分，而且其中不乏高附加值的产品。如随着蛋壳膜中胶原蛋白、唾液酸和透明质酸等成分提取工艺的逐步成熟，未来肯定会走上产业化的道路，应用到更广泛的领域，使蛋中的废弃成分得到充分利用。

四、山鸡皮毛制作和利用

山鸡羽毛非常漂亮，可以将其制作成山鸡标本，作为高档礼物馈赠亲友，也可供教学和展览使用。山鸡羽毛也可作为羽绒服、羽绒被等的添加料，还可将其做成羽毛粉。

第二节 品种资源开发利用前景与品牌建设

中国山鸡未来主要的发展方向是优异肉蛋兼用型品种的选育和产品的深度开发。目前国内山鸡产品种类较少，加工工艺粗放，制约了山鸡养殖业的发展。20 世纪 90 年代，国内北方某禽肉出口加工厂的操作工人只能从 1 kg 的山鸡屠体分割出 300 g 的皮肉，产肉率为 30%，然而日本的山鸡屠宰场，从 1 kg 的山鸡屠体上能分割出 600 g 的皮肉，产肉率达到 60%，由此可见，国内的山鸡加工技术还有待进一步提高。除此之外，国内市场开发注重批量销售，养殖者往往不进行产品开发，活体或冷冻山鸡出售仍是销售的主体；而在发达国家，养殖者直接参与山鸡产品的开发，甚至在生产者的加工厂中已经将山鸡加工成肉片或熏肉。

加强产品深加工，适应消费者的需求，改变山鸡产品单一现象，在产品的“名优特新”和提高产品附加值上下功夫，建立稳定的、广阔的销售市场，避免山鸡饲养业的大起大落。

山鸡在国内外市场上比较走俏，曾经一些省市的外贸单位大量收购山鸡出口。在国内市场上，不少城市山鸡供不应求，有价无货。目前国内外对山鸡的需求量仍在增长，发展山鸡养殖正当其时。近年来，山鸡已被加工成罐头和肉干等产品，也受到消费者青睐，预示着对山鸡产品进行深加工，开发高档营养保健系列产品和风味产品、方便型产品等前景看好，将进一步提高山鸡产业的产值和更好地满足人民的多层次需要。山鸡产业的开发是大有前途的，具有较好的经济效益和社会效益，是发展高产、优质、高效养殖业和扩大出口创汇产品的新途径。据统计，20 世纪五六十年代，我国的野生山鸡每年向国外出口上千吨，后来因为野生资源枯竭，就以家养的活山鸡和山鸡肉出口，获得了较

高的收益。活山鸡每年有 100 多万只出口到我国香港地区，其售价在 200 港元左右，是内地售价的 4 倍。20 世纪 90 年代我国吉林省出口到日本的山鸡、冻白条和分割肉是国内售价的 3 倍，山鸡的出口增加了我国出口创汇。

随着社会经济的增长和人们消费水平的提高，山鸡养殖业将在畜牧业生产中占据越来越重要的地位。正确引导山鸡生产，积极开拓国内外市场，加强科学化生产和管理，将会产生可观的经济效益和社会效益。

参 考 文 献

陈伟生，2005. 畜禽遗传资源调查手册 [M]. 北京：中国农业出版社.

杜炳旺，徐延生，孟祥兵，2017. 特禽养殖实用技术 [M]. 北京：中国科学技术出版社.

葛明玉，赵伟刚，陈秀敏，2010. 山鸡高效养殖技术 [M]. 北京：化学工业出版社.

廉爱玲，张帆，2003. 种禽饲养技术与管理 [M]. 北京：中国农业大学出版社.

刘建胜，2003. 家禽营养与饲料配制 [M]. 北京：中国农业大学出版社.

配合饲料讲座编纂委员会，1988. 配合饲料讲座 [M]. 北京：农业出版社.

乔立英，2015. 雉鸡育雏期的饲养管理技术 [J]. 中国畜禽种业 (8)：138-139.

任国栋，郑翠芝，2017. 特种经济动物养殖技术 [M]. 北京：化学工业出版社.

沈富林，2013. 特种禽类饲养技术培训教材 [M]. 北京：中国农业科技出版社.

唐辉，2007. 蛋鸡饲养手册 [M]. 2版. 北京：中国农业大学出版社.

王峰，1999. 雉鸡饲养新技术 [M]. 北京：科学技术文献出版社.

熊家军，许青荣，李志华，2006. 美国七彩山鸡养殖技术 [M]. 武汉：湖北科学技术出版社.

杨福合，2012. 中国畜禽遗传资源志·特种畜禽志 [M]. 北京：中国农业出版社.

杨怡珠，2010. 特种经济动物雉鸡养殖技术要点 [J]. 畜牧兽医杂志，29 (3)：87-91.

余四九，2003. 特种经济动物生产学 [M]. 北京：中国农业出版社.

Francoa D，Lorenzo J M，2013. Meat quality and nutritional composition of pheasants (*Phasianus colchicus*) reared in an extensive system [J]. British Poultry Science，54 (5)：594-602.

Qu Hongwei，Qu Jiangyong，Wang Yunhui，et al.，2017. Subspecies boundaries and recent evolution history of the common pheasant (*Phasianus colchilus*) across China [J]. Biochemical Systematics and Ecology，71：155-162.

彩图2-1　中国山鸡公鸡

彩图2-2　中国山鸡公鸡群体

彩图2-3　中国山鸡母鸡

彩图 2-4　中国山鸡雏鸡

彩图 2-5　中国山鸡雏鸡群体